Krishna Murthy Mannam
Uday Kiran Mannam

Hidrogénio: o combustível ecológico do futuro

Krishna Murthy Mannam
Uday Kiran Mannam

Hidrogénio: o combustível ecológico do futuro

Fabrico, armazenamento, transporte, combustível para sempre, economia de combustível e perspectivas futuras do hidrogénio

ScienciaScripts

Imprint

Any brand names and product names mentioned in this book are subject to trademark, brand or patent protection and are trademarks or registered trademarks of their respective holders. The use of brand names, product names, common names, trade names, product descriptions etc. even without a particular marking in this work is in no way to be construed to mean that such names may be regarded as unrestricted in respect of trademark and brand protection legislation and could thus be used by anyone.

Cover image: www.ingimage.com

This book is a translation from the original published under ISBN 978-620-5-52208-0.

Publisher:
Sciencia Scripts
is a trademark of
Dodo Books Indian Ocean Ltd. and OmniScriptum S.R.L publishing group

120 High Road, East Finchley, London, N2 9ED, United Kingdom
Str. Armeneasca 28/1, office 1, Chisinau MD-2012, Republic of Moldova, Europe
Printed at: see last page
ISBN: 978-620-5-93528-6

HIDROGÉNIO:
O COMBUSTÍVEL ECOLÓGICO DO FUTURO

Fabrico, armazenamento, transporte, combustível para sempre, economia de combustível e perspectivas futuras do hidrogénio.

Published By

Schollars' Press Publishers

https://www.scholars-press.com

Hidrogénio: o futuro combustível amigo do ambiente

© Autores

Teste curto - resumo

Foram discutidos os problemas associados à queima de combustíveis fósseis. Foram enumerados e discutidos os tipos de fontes de energia renováveis. O hidrogénio, o "combustível eterno", que nunca se esgotará, dada a sua importância e a sua utilização ecológica. Foram resumidos os métodos de produção química do hidrogénio, o armazenamento do hidrogénio e as perspectivas inovadoras da tecnologia do combustível hidrogénio. Foram apresentados os recentes avanços na utilização potencial do hidrogénio como combustível verde para os transportes. A economia do combustível hidrogénio e as novas aplicações também foram discutidas.

Palavras-chave: Combustíveis fósseis, Fontes de energia renováveis, Hidrogénio, Células de combustível, Métodos ecológicos, Perspectivas futuras.

Índice

Dedicado a

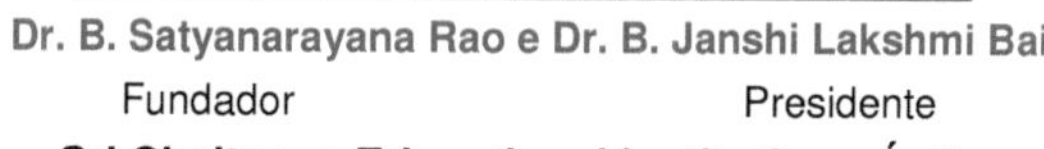

Dr. B. Satyanarayana Rao e Dr. B. Janshi Lakshmi Bai
Fundador   Presidente
Sri Chaitanya Educational Institutions, Índia.

Mais de três décadas de orientação, sugestões valiosas e apoio alargado, com a sua liderança louvável e qualidades inspiradoras.

Agradecimentos

A todos os que participaram nos seminários e fizeram comentários académicos críticos durante os debates em grupo, sobre o hidrogénio, em :

- ❖ Faculdade de Engenharia de Pragathi, Kakinada, Índia (Outubro de 2017)
- ❖ Universidade de Kwazulu-Natal, Durban, África do Sul (Março de 2018)
- ❖ Universidade Acharya Nagarjuna, Guntur, Índia (Março de 2019)
- ❖ Universidade de Andhra, Visakhapatnam, Índia (Setembro de 2019)
- ❖ Colégio A.G.S.G. Siddartha Degree, Vuyyuru, Índia (Agosto de 2020)
- ❖ S.V.R. Memorial College, Nagaram, Índia (Novembro de 2021)
- ❖ Phillips Innovation Centre, Best, Países Baixos (Março de 2022)

Capítulo 1 Combustíveis fósseis

Um combustível fóssil é um combustível formado por processos naturais, como a decomposição anaeróbica de organismos mortos enterrados, contendo moléculas orgânicas originárias da fotossíntese antiga que libertam energia na combustão.

A teoria de que os combustíveis fósseis se formaram a partir dos restos fossilizados de plantas mortas por exposição ao calor e à pressão na crosta terrestre durante milhões de anos foi introduzida pela primeira vez em 1597. A primeira utilização do termo "combustível fóssil" ocorre no trabalho do químico alemão Caspar Neumann, em 1759.

Os combustíveis fósseis contêm elevadas percentagens de carbono e incluem o petróleo, o carvão e o gás natural. Os derivados de combustíveis fósseis mais utilizados incluem o querosene e o propano. Os combustíveis fósseis variam entre materiais voláteis com baixas proporções de carbono e hidrogénio, como o metano, líquidos, como o petróleo, e materiais não voláteis compostos de carbono quase puro, como o carvão antracite. O metano pode ser encontrado em campos de hidrocarbonetos isolados, associado ao petróleo ou sob a forma de clatratos de metano. As imagens e a composição dos combustíveis fósseis são apresentadas na Fig.1.1.

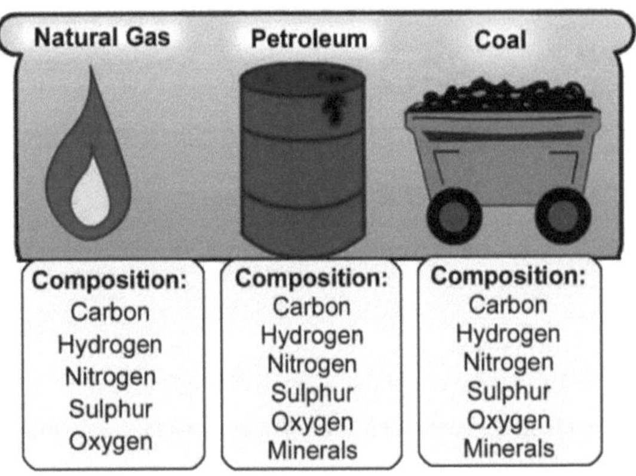

Fig.1.1 : Imagens e informações sobre os combustíveis fósseis

Em 2020, as principais fontes de energia primária a nível mundial eram o petróleo (33%), o carvão (25%) e o gás natural (25%), o que corresponde a uma quota de 83% de combustíveis fósseis no consumo de energia primária no mundo.

Embora os combustíveis fósseis sejam continuamente formados por processos naturais, são geralmente classificados como recursos não renováveis porque demoram milhões de anos a formar-se e as reservas viáveis conhecidas estão a esgotar-se muito mais rapidamente do que são geradas novas reservas.

A maior parte das mortes causadas pela poluição atmosférica deve-se aos produtos da combustão de combustíveis fósseis, estima-se que o seu custo seja superior a 3% do PIB mundial e que a eliminação progressiva dos combustíveis fósseis permitiria salvar cerca de 3,6 milhões de vidas por ano.

A utilização de combustíveis fósseis suscita sérias preocupações ambientais. A queima de combustíveis fósseis produz cerca de 35 mil milhões de toneladas por ano. O dióxido de carbono é um gás de estufa que aumenta o forçamento radiativo e contribui para o aquecimento global. O efeito de estufa é apresentado na Fig.1.2.

Devido ao aquecimento global, a temperatura média da Terra aumentará, provocando alterações climáticas indesejáveis, como mostra o gráfico da Fig.1.3. Esta situação pode conduzir a secas, como mostra o diagrama da Fig.1.4. A subida da temperatura da Terra conduzirá ao aumento do nível do mar, o que pode provocar o afundamento das zonas baixas e das ilhas. Um caso extremo de aquecimento global é o tsunami, como mostra a Fig.1.5. A queima de combustíveis fósseis também liberta gás sulfúrico, que é um poluente e provoca chuvas ácidas.

O fitoplâncton aquático que morreu e sedimentou em grandes quantidades em condições anóxicas há milhões de anos começou a formar petróleo e gás natural, como resultado da decomposição anaeróbica.

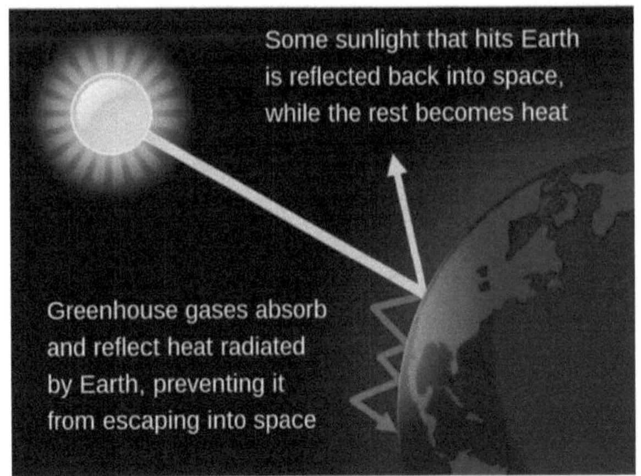

Fig.1.2 : Gases com efeito de estufa que provocam o aquecimento global

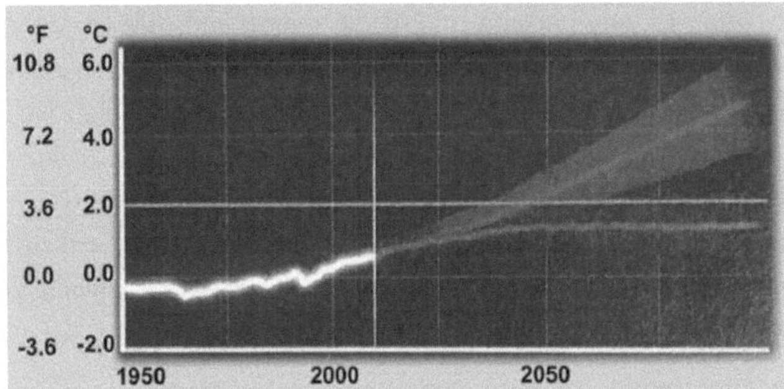

Fig.1.3 : Variação da temperatura média global à superfície

Fig.1.4: Seca provocada pelo aquecimento global

Fig.1.5: Onda de tsunami de água apocalíptica

Ao longo do tempo geológico, esta matéria orgânica, misturada com lama, ficou enterrada sob outras camadas pesadas de sedimentos inorgânicos. As elevadas temperaturas e pressões daí resultantes fizeram com que a matéria orgânica se transformasse quimicamente, primeiro num material ceroso conhecido como querogénio, que se encontra nos xistos betuminosos, e depois, com mais calor, em hidrocarbonetos líquidos e gasosos, num processo conhecido como catagénese. As plantas terrestres, por outro lado, tendem a formar carvão e metano.

Existe uma grande variedade de compostos orgânicos num determinado combustível. A mistura específica de hidrocarbonetos confere ao combustível as suas propriedades características, como a densidade, a viscosidade, o ponto de ebulição, o ponto de fusão, etc. Alguns combustíveis, como o gás natural, contêm apenas componentes gasosos com um ponto de ebulição muito baixo. Outros, como a gasolina ou o gasóleo, contêm componentes com um ponto de ebulição muito mais elevado.

Os combustíveis fósseis são de grande importância porque podem ser queimados, produzindo quantidades significativas de energia por unidade de massa. A utilização do carvão como combustível é anterior à história registada. O carvão era utilizado para fazer funcionar fornos para a fundição de minério metálico. Embora os hidrocarbonetos semi-sólidos provenientes de poços também fossem queimados na antiguidade, eram sobretudo utilizados para impermeabilização e embalsamamento.

A exploração comercial do petróleo começou há dois séculos, em grande parte para substituir os óleos de origem animal utilizados nos candeeiros a petróleo.

O gás natural, outrora queimado como um subproduto desnecessário da produção de petróleo, é actualmente considerado um recurso muito valioso. Os depósitos de gás natural são também a principal fonte de hélio.

O petróleo bruto pesado, que é muito mais viscoso do que o petróleo bruto convencional, e as areias betuminosas, onde o betume se encontra misturado com areia e argila, começaram a tornar-se mais importantes como fontes de combustível fóssil no início da década de 2000. O xisto betuminoso e materiais semelhantes são rochas sedimentares que contêm querogénio, uma mistura complexa de compostos orgânicos de elevado peso molecular, que produzem petróleo bruto sintético quando aquecidos na ausência de ar.

Mais recentemente, tem-se registado um desinvestimento na exploração destes recursos devido ao seu elevado custo em carbono relativamente a reservas mais facilmente processáveis.

A utilização em larga escala de combustíveis fósseis, primeiro o carvão e mais tarde o petróleo, nas máquinas a vapor permitiu a Revolução Industrial Mundial. Simultaneamente, as lâmpadas a gás, que utilizam gás natural ou gás de carvão, começaram a ser amplamente utilizadas. A invenção do motor de combustão interna e a sua utilização em automóveis e camiões aumentou consideravelmente a procura de gasolina e gasóleo, ambos produzidos a partir do petróleo. Outros meios de transporte, como os caminhos-de-ferro e os aviões, também exigem maiores quantidades de produtos petrolíferos.

A outra grande utilização dos combustíveis fósseis é na produção de electricidade e como matéria-prima para a indústria petroquímica. O alcatrão, um resíduo da extracção de petróleo, é utilizado na construção de estradas e na cobertura de casas.

Os níveis das fontes de energia primária são as reservas no solo. Os fluxos são a produção de combustíveis fósseis a partir destas reservas. As fontes de energia primária mais importantes são as fontes de energia fósseis à base de carbono, em que o carbono é oxidado em dióxido de carbono e água, libertando energia.

A combustão de combustíveis fósseis gera ácido sulfúrico e ácido nítrico, que caem na Terra sob a forma de chuva ácida, afectando tanto as áreas naturais como o ambiente construído. Os monumentos e esculturas feitos de mármore e calcário são particularmente vulneráveis, uma vez que os ácidos dissolvem o carbonato de cálcio.

Os combustíveis fósseis também contêm materiais radioactivos, principalmente urânio e tório, que são libertados para a atmosfera. Em 2000, cerca de 12.000 toneladas de tório e 5.000 toneladas de urânio foram libertadas em todo o mundo pela combustão do carvão.

A extracção, o processamento e a distribuição de combustíveis fósseis também podem criar preocupações ambientais. Os métodos de extracção de carvão, nomeadamente a remoção do topo da montanha e a extracção em tiras, têm impactos ambientais negativos, e a perfuração de petróleo no mar representa um perigo para os organismos aquáticos.

Os poços de combustíveis fósseis podem contribuir para a libertação de metano através de emissões de gases fugitivos. As refinarias de petróleo também têm impactos ambientais negativos, incluindo a poluição do ar e da água. O transporte de carvão exige a utilização de locomotivas a gasóleo, enquanto o petróleo bruto é normalmente transportado por navios-tanque, o que exige a combustão de combustíveis fósseis adicionais.

A regulamentação ambiental utiliza uma variedade de abordagens para limitar estas emissões, como o comando e o controlo e os incentivos económicos.

Em termos económicos, a poluição causada pelos combustíveis fósseis é considerada uma externalidade negativa. A tributação é considerada como uma forma de tornar explícitos os custos sociais, de modo a "internalizar" o custo da poluição. O objectivo é tornar os combustíveis fósseis mais caros, reduzindo assim a sua utilização e a quantidade de poluição associada, bem como angariar os fundos necessários para contrariar estes efeitos.

A poluição ambiental tem impacto nos seres humanos porque as partículas e outros poluentes atmosféricos provenientes da combustão de combustíveis fósseis causam doenças e morte quando inalados pelas pessoas. Estes efeitos na saúde incluem morte prematura, doença respiratória aguda, agravamento da asma, bronquite crónica e diminuição da função pulmonar. As pessoas pobres, subnutridas, muito jovens e muito idosas, com doenças respiratórias pré-existentes e outros problemas de saúde, correm maior risco.

O esgotamento das fontes de combustíveis fósseis e os problemas ambientais relacionados com a sua queima levaram a pensar em recursos energéticos alternativos.

* * * *

Capítulo 2 Energias renováveis

A energia que é recolhida a partir de recursos renováveis, que são naturalmente reabastecidos numa escala temporal humana, é designada por energia renovável, como a luz solar, o vento, a chuva, as marés, as ondas e o calor geotérmico.

As energias renováveis fornecem frequentemente energia em quatro domínios importantes: produção de electricidade, aquecimento do ar e da água, transportes e serviços energéticos rurais.

As energias renováveis contribuíram para cerca de 20% do consumo global de energia em 2018. Este consumo de energia divide-se em quatro partes, como mostra o Quadro 2.1.

Os sistemas de energias renováveis estão a tornar-se rapidamente mais eficientes e mais baratos e a sua quota no consumo total de energia está a aumentar. A partir de 2020, cerca de 70% da capacidade de electricidade recentemente instalada a nível mundial será renovável. O crescimento do consumo de carvão e de petróleo poderá terminar este ano ou no próximo, devido ao aumento da utilização das energias renováveis e do gás natural.

Em pelo menos 33 países do mundo, as energias renováveis já contribuem com mais de 25% do fornecimento de energia. Prevê-se que os mercados nacionais de energias renováveis continuem a crescer fortemente na próxima década e mais além. Alguns locais e pelo menos dois países, a Islândia e a Noruega, já produzem toda a sua electricidade a partir de energias renováveis.

Tabela 2.1 : Quatro tipos de consumo de energias renováveis

S.N.	Percentagem de consumo	Tipos de fontes de energia
1	9%	Biomassa tradicional
2	5%	Energia térmica proveniente da geotermia, da radiação solar e da biomassa moderna
3	4%	Hidroelectricidade
4	2%	Energia eólica, energia das marés e outras formas de energias renováveis

Cerca de 50 países em todo o mundo já têm mais de 50% da electricidade produzida a partir de fontes renováveis.

Os recursos energéticos renováveis existem em vastas áreas geográficas, ao contrário dos combustíveis fósseis, que estão concentrados num número limitado de países. A rápida implantação de tecnologias de energias renováveis e de eficiência energética está a resultar em benefícios significativos em termos de segurança energética, atenuação das alterações climáticas e benefícios económicos. Nos inquéritos à opinião pública internacional, verifica-se um forte apoio à promoção das fontes de energia renováveis, como a energia solar e a energia eólica. As fontes de energia renováveis são comparadas de forma crítica com os combustíveis fósseis no Quadro 2.2.

A energia renovável é derivada de processos naturais que se reabastecem constantemente. Nas suas várias formas, deriva directamente do sol ou do calor gerado nas profundezas da terra. Incluem-se na definição a electricidade e o calor gerados a partir de energia solar, eólica, oceânica, hidroeléctrica, biomassa, recursos geotérmicos e hidrogénio derivados de recursos renováveis.

Os recursos de energias renováveis e as oportunidades significativas de eficiência energética existem em vastas áreas geográficas, em contraste com outras fontes de energia. A rápida implantação das energias renováveis e da eficiência energética e a diversificação tecnológica das fontes de energia resultariam em benefícios económicos e de segurança energética significativos. Reduziria também a poluição ambiental, como a poluição atmosférica causada pela queima de combustíveis fósseis. Contribui igualmente para melhorar a saúde pública, reduzir a mortalidade prematura devida à poluição e poupar os custos de saúde associados.

Quadro 2.2 : Diferenças entre combustíveis fósseis e fontes de energia renováveis

S.N.	Ponto de comparação	Combustíveis fósseis	Fontes renováveis
1	Nomes das fontes	Carvão, petróleo e gás natural	Solar, eólica, hídrica, geotérmica, biomassa e hidrogénio

2	Domínio	Dominar a produção de energia	A percentagem actual é inferior e susceptível de não ser comprovada
3	Reutilização	Não pode ser utilizado novamente, pois a massa é consumida e esgotada	As fontes podem ser utilizadas repetidamente. Sem esgotamento
4	Poluição	As queimadas provocam poluição	Não causam poluição e são mais limpos
5	Utilização contínua	Pode ser utilizado como e quando necessário	Pode ser utilizado como e quando disponível
6	Crescimento	Crescimento mais lento	Crescimento mais rápido
7	Custo de produção	Geralmente menos	Geralmente mais, mas as poupanças potenciais são mais elevadas actualmente

Prevê-se que as fontes de energia renováveis, que derivam a sua energia do Sol, directa ou indirectamente, como a energia hídrica e eólica, sejam capazes de fornecer energia à humanidade durante quase mais mil milhões de anos, altura em que o aumento previsto do calor do Sol deverá tornar a superfície da Terra demasiado quente para a existência de água líquida.

Energia eólica

O fluxo de ar pode ser utilizado para fazer funcionar as turbinas eólicas. A potência disponível a partir do vento é uma função do cubo da velocidade do vento, pelo que, à medida que a velocidade do vento aumenta, a potência aumenta até à potência máxima da turbina em causa. Na Fig. 2.1 são apresentadas imagens de moinhos e turbinas eólicas. As zonas onde os ventos são mais fortes e constantes, como as zonas offshore e de elevada altitude, são os locais preferidos para os parques eólicos. Normalmente, as horas de carga total das turbinas eólicas variam entre 16 e 60 por cento ao ano, mas podem ser mais elevadas em locais offshore particularmente favoráveis.

A electricidade gerada pelo vento satisfez quase 4% da procura mundial de electricidade em 2015, com quase 63 GW de nova capacidade eólica instalada. A energia eólica foi a principal fonte de nova capacidade na Europa, nos EUA e no Canadá e a segunda maior na China. Na Dinamarca, a energia eólica satisfez mais de 40% da sua procura de electricidade, enquanto os Países Baixos, a Irlanda, a Espanha e Portugal satisfizeram, cada um, 20% a 25%.

A nível mundial, pensa-se que o potencial técnico a longo prazo da energia eólica é cinco vezes superior ao total da actual produção global de energia. Para tal, seria necessário instalar turbinas eólicas em grandes áreas, especialmente em zonas com maiores recursos eólicos, como o offshore. Uma vez que a velocidade média do vento no mar é cerca de 90% superior à da terra, os recursos eólicos offshore podem contribuir com uma quantidade de energia substancialmente superior à das turbinas instaladas em terra.

Energia hidroeléctrica

Uma vez que a água é cerca de 800 vezes mais densa do que o ar, mesmo um fluxo lento de água ou uma ondulação moderada do mar podem produzir quantidades consideráveis de energia.

Fig.2.1 : Imagens do moinho de vento e das turbinas eólicas

Existem muitas formas de energia hídrica. Historicamente, a energia hidroeléctrica provinha da construção de grandes barragens e reservatórios hidroeléctricos, que ainda são populares nos países em desenvolvimento. As maiores delas são a Barragem das Três Gargantas, na China, e a Barragem de Itaipu, construída pelo Brasil.

As pequenas centrais hidroeléctricas são instalações de produção de energia hidroeléctrica que produzem normalmente até 50 MW de energia. São frequentemente utilizadas em pequenos rios ou como um desenvolvimento de baixo impacto em rios maiores. A China é o maior produtor de energia hidroeléctrica do mundo e tem mais de 45.000 pequenas centrais hidroeléctricas.

As centrais hidroeléctricas a fio de água extraem energia dos rios sem a criação de um grande reservatório. A água é tipicamente transportada ao longo do vale do rio até ficar muito acima do fundo do vale, onde pode cair através de uma comporta para accionar uma turbina.

As centrais hidroeléctricas transformam a energia hidráulica de um rio em energia eléctrica renovável. As várias partes de uma central hidroeléctrica são apresentadas na Fig. 2.2.

A energia hidroeléctrica é produzida em cerca de 150 países em todo o mundo. No que diz respeito aos países com a maior percentagem de electricidade produzida a partir de energias renováveis, os 50 primeiros são principalmente hidroeléctricos. A China é o maior produtor de energia hidroeléctrica, representando cerca de 17% do consumo doméstico de electricidade.

A energia das ondas, que capta a energia das ondas da superfície do oceano, e a energia das marés, que converte a energia das marés, são duas formas de energia hidroeléctrica com potencial futuro; no entanto, ainda não são amplamente utilizadas

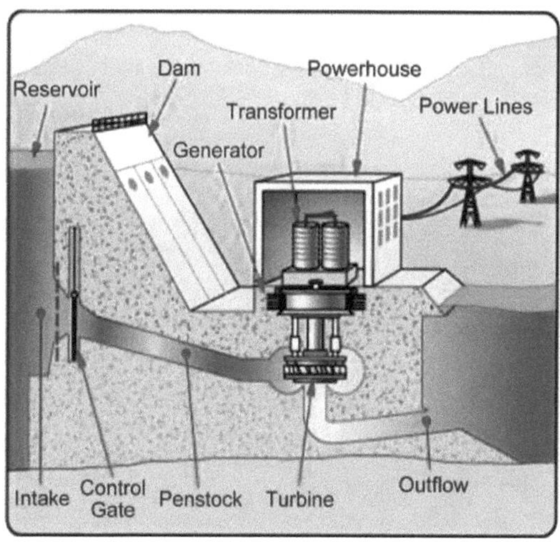

Fig.2.2 : Várias partes de uma central hidroeléctrica

comercialmente. A conversão da energia térmica oceânica, que utiliza a diferença de temperatura entre as águas profundas mais frias e as águas superficiais mais quentes, não tem actualmente viabilidade económica.

Energia solar

A energia solar, a luz radiante e o calor do sol, é aproveitada através de uma série de tecnologias em constante evolução, como o aquecimento solar, a energia fotovoltaica, a energia solar concentrada (CSP), a energia fotovoltaica concentrada (CPV), a arquitectura solar e a fotossíntese artificial.

As tecnologias solares são amplamente caracterizadas como solares passivas ou activas, dependendo da forma como captam, convertem e distribuem a energia solar. As técnicas solares passivas incluem a orientação de um edifício para o Sol, a selecção de materiais com uma massa térmica favorável ou propriedades de dispersão da luz e a concepção de espaços que permitam a circulação natural do ar. As tecnologias solares activas englobam a energia solar térmica, utilizando colectores solares para aquecimento, e a energia solar, convertendo a luz solar em electricidade, quer directamente, utilizando a energia fotovoltaica, quer indirectamente, utilizando a energia solar concentrada.

Um sistema fotovoltaico converte a luz em corrente eléctrica contínua tirando partido do efeito fotoeléctrico, como mostra a Fig. 2.3. A energia solar fotovoltaica transformou-se numa indústria multibilionária e em rápido crescimento, continua a melhorar a sua relação custo-eficácia e tem o maior potencial de todas as tecnologias renováveis, juntamente com a CSP.

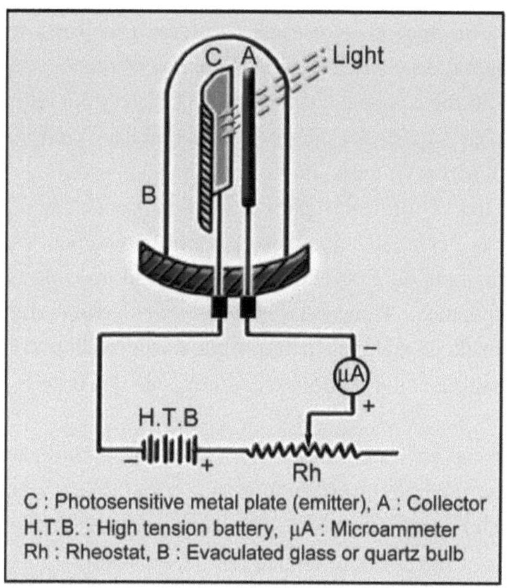

Fig.2.3 : Funcionamento de uma célula fotoeléctrica

Os sistemas CSP utilizam lentes ou espelhos e sistemas de rastreio para concentrar uma grande área de luz solar num pequeno feixe. As centrais de energia solar concentrada comerciais foram desenvolvidas pela primeira vez na década de 1980.

A Agência Internacional da Energia, em 2021, afirmou que o desenvolvimento de tecnologias de energia solar acessíveis, inesgotáveis e limpas terá enormes benefícios a longo prazo. Aumentará a segurança energética dos países através da dependência de um recurso autóctone, inesgotável e, na sua maioria, independente das importações, reforçará a sustentabilidade, reduzirá a poluição, diminuirá os custos da atenuação das alterações climáticas e manterá os preços dos combustíveis fósseis mais baixos do que de outra forma. Estas vantagens são globais. Por conseguinte, os custos adicionais dos incentivos à implantação rápida devem ser considerados investimentos de aprendizagem; devem ser gastos de forma sensata e devem ser amplamente partilhados.

Energia geotérmica

O adjectivo geotérmico tem origem nas raízes gregas geo, que significa terra, e thermos, que significa calor.

A energia geotérmica de alta temperatura provém da energia térmica gerada e armazenada na Terra. A energia térmica é a energia que determina a temperatura da matéria. A energia geotérmica da Terra tem origem na formação original do planeta e no decaimento radioactivo dos minerais. O gradiente geotérmico, que é a diferença de temperatura entre o núcleo do planeta e a sua superfície, conduz uma condução contínua de energia térmica, sob a forma de calor, do núcleo para a superfície.

O calor que é utilizado para a energia geotérmica pode vir das profundezas da Terra, até ao núcleo da Terra. No núcleo, as temperaturas podem atingir mais de 5.000 °C. O calor é conduzido do núcleo para as rochas circundantes. Temperaturas e pressões extremamente elevadas provocam a fusão de algumas rochas, o que é vulgarmente conhecido como magma. O magma convecta para cima, uma vez que é mais leve do que a rocha sólida.

A geotermia de baixa temperatura refere-se à utilização da crosta exterior da Terra como uma bateria térmica para facilitar a energia térmica renovável para aquecimento e arrefecimento de edifícios e outras utilizações de refrigeração e industriais. Nesta forma de geotermia, uma bomba de calor geotérmica e um permutador de calor acoplado ao solo raramente são utilizados em conjunto para mover a energia térmica para a Terra, para arrefecimento, e para fora da Terra, para aquecimento, numa base sazonal variável. A geotermia de baixa temperatura é uma tecnologia renovável cada vez mais importante porque não só reduz as cargas energéticas anuais totais associadas ao aquecimento e ao arrefecimento, como também aplaina a curva da procura de electricidade, eliminando as necessidades extremas de fornecimento de electricidade nos picos do Verão e do Inverno. Um modelo típico de uma central geotérmica está representado na Fig. 2.4.

Fig.2.4: Vapor que sai da central geotérmica de Nesjavellir, na Islândia

A biomassa é um material biológico derivado de organismos vivos. Refere-se mais frequentemente a plantas ou materiais derivados de plantas, especificamente designados por biomassa lignocelulósica. Como fonte de energia, a biomassa pode ser utilizada directamente através da combustão para produzir calor ou indirectamente após a sua conversão em várias formas de biocombustível.

A conversão da biomassa em biocombustível pode ser efectuada através de diferentes métodos, que se classificam em termos gerais em: métodos térmicos, químicos e bioquímicos. A madeira continua a ser a maior fonte de energia da biomassa actualmente. No segundo sentido, a biomassa inclui matéria vegetal ou animal que pode ser convertida em fibras ou noutros produtos químicos industriais, incluindo biocombustíveis.

A biomassa industrial pode ser produzida a partir de numerosos tipos de plantas, incluindo miscanthus, switchgrass, cânhamo, milho, choupo, salgueiro, sorgo, cana-de-açúcar, bambu e uma variedade de espécies de árvores, desde o eucalipto à palmeira de óleo.

A energia vegetal é produzida por culturas especificamente cultivadas para utilização como combustível, que oferecem uma elevada produção de biomassa por hectare com um baixo consumo de energia. O grão pode ser utilizado para combustíveis líquidos de transporte, enquanto a palha pode ser queimada para produzir calor ou electricidade. A biomassa vegetal também pode ser degradada de celulose em glucose através de uma série de tratamentos químicos e o açúcar resultante pode então ser utilizado como biocombustível de primeira geração. A Fig. 2.5 mostra uma central eléctrica baseada em palavras.

A biomassa pode ser convertida noutras formas de energia utilizáveis, como o gás metano ou combustíveis para transportes, como o etanol e o biodiesel. O lixo em decomposição e os resíduos agrícolas e humanos libertam gás metano. Este gás é também designado por gás de aterro ou biogás.

Fig.2.5: Uma central eléctrica que utiliza madeira para abastecer 30 000 habitações em França

As culturas, como o milho e a cana-de-açúcar, podem ser fermentadas para produzir o combustível para transportes, o etanol. O biodiesel, outro combustível para transportes, pode ser produzido a partir de restos de produtos alimentares, como óleos vegetais e gorduras animais.

Os biocombustíveis incluem uma vasta gama de combustíveis derivados da biomassa. O termo abrange combustíveis sólidos, líquidos e gasosos. Os biocombustíveis líquidos incluem o bioetanol e o biodiesel. Os biocombustíveis gasosos incluem o biogás, o gás de aterro e o gás de síntese.

O bioetanol é um álcool produzido através da fermentação dos componentes açucarados de materiais vegetais e é produzido principalmente a partir de culturas de açúcar e amido. Estas incluem o milho, a cana-de-açúcar e, mais recentemente, o sorgo doce.

Com o desenvolvimento de tecnologias avançadas, a biomassa celulósica, como as árvores e as gramíneas, é também utilizada como matéria-prima para a produção de etanol. O etanol pode ser utilizado como combustível para veículos na sua forma pura, mas é geralmente utilizado como aditivo da gasolina para aumentar a octanagem e melhorar as emissões dos veículos. O bioetanol é amplamente utilizado nos Estados Unidos da América e no Brasil.

O biodiesel é produzido a partir de óleos vegetais, gorduras animais ou gorduras recicladas. Pode ser utilizado como combustível para veículos na sua forma pura ou, mais frequentemente, como aditivo para gasóleo, para reduzir os níveis de partículas, monóxido de carbono e hidrocarbonetos dos veículos a gasóleo. O biodiesel é produzido a partir de óleos ou gorduras por transesterificação e é o biocombustível mais comum na Europa. Em 2015, os biocombustíveis forneceram 3% do combustível para transportes a nível mundial. Prevê-se que esta percentagem duplique até 2025.

A biomassa, o biogás e os biocombustíveis são queimados para produzir calor/electricidade e, ao fazê-lo, prejudicam o ambiente. A combustão da biomassa produz poluentes como os óxidos sulfurosos (SO_x), os óxidos nitrosos (NO_x) e as partículas em suspensão; a Organização Mundial de Saúde estima que a poluição atmosférica provoca 7 milhões de mortes prematuras por ano. A combustão da biomassa é um dos principais factores de poluição.

Sistema geotérmico melhorado

Os sistemas geotérmicos melhorados (EGS) são um novo tipo de tecnologias de energia geotérmica que não requerem recursos hidrotermais convectivos naturais. A grande maioria da energia geotérmica ao alcance da perfuração encontra-se em rochas secas e não porosas. Os sistemas EGS estão actualmente a ser desenvolvidos e testados em França, Austrália, Japão, Alemanha, EUA e Suíça. O maior projecto EGS do mundo é uma central de demonstração de 25 megawatts actualmente em desenvolvimento na Austrália, com potencial para gerar 5.000-10.000 MW.

Energia marinha

A energia marinha, por vezes referida como energia dos oceanos, refere-se à energia transportada pelas ondas do mar, marés, salinidade e diferenças de temperatura dos oceanos. O movimento da água nos oceanos do mundo cria uma vasta reserva de energia cinética ou energia em movimento. Esta energia pode ser aproveitada para gerar electricidade para alimentar casas, transportes e indústrias. O termo energia marinha engloba tanto a energia das ondas - energia das ondas de superfície, como a energia das marés - obtida a partir da energia cinética de grandes massas de água em movimento.

A electrodiálise inversa (RED) é uma tecnologia de produção de electricidade através da mistura de água doce de rio e água salgada do mar em grandes células de potência concebidas para o efeito; a partir de 2016, está a ser testada em pequena escala (50 KW).

A energia eólica offshore não é uma forma de energia marinha, uma vez que a energia eólica é derivada do vento, mesmo que as turbinas eólicas estejam colocadas sobre a água. A imagem da energia das marés é apresentada na Fig. 2.6.

Os oceanos possuem uma enorme quantidade de energia e estão próximos de muitas, se não da maioria, das populações concentradas. A energia dos oceanos tem o potencial de fornecer uma quantidade substancial de novas energias renováveis em todo o mundo.

Fig.2.6 : Imagem da energia marinha

Países em desenvolvimento

A tecnologia das energias renováveis tem sido por vezes considerada pelos críticos como um artigo de luxo dispendioso e acessível apenas no mundo desenvolvido e rico. Esta visão errónea tem persistido durante muitos anos. No entanto, entre 2015 e 2020, os investimentos em energias renováveis foram mais elevados nos países em desenvolvimento do que nos países desenvolvidos, com a China a liderar o investimento global. Muitos países da América Latina e de África também aumentaram significativamente os seus investimentos.

As energias renováveis podem ser particularmente adequadas para os países em desenvolvimento. Nas zonas rurais e remotas, o transporte e a distribuição de energia produzida a partir de combustíveis fósseis pode ser difícil e dispendioso. A produção de energia renovável a nível local pode constituir uma alternativa viável.

Os avanços tecnológicos estão a abrir um novo e enorme mercado para a energia solar: mais de mil milhões de pessoas em todo o mundo que não têm acesso à electricidade da rede. Apesar de serem normalmente muito pobres, estas pessoas têm de pagar muito mais pela iluminação do que as pessoas dos países ricos, porque utilizam lâmpadas de querosene ineficientes. A energia solar custa metade do preço da iluminação com querosene. Em 2016, estimava-se que 4 milhões de agregados familiares recebiam energia de pequenos sistemas solares fotovoltaicos. O Quénia é o líder mundial no número de sistemas de energia solar instalados per capita. Alguns pequenos Estados insulares em desenvolvimento também estão a recorrer à energia solar para reduzir os seus custos e aumentar a sua sustentabilidade.

As micro-hídricas configuradas em mini-redes também fornecem energia. Cerca de 45 milhões de agregados familiares utilizam biogás produzido em digestores à escala doméstica para iluminação e/ou cozinha e mais de 170 milhões de agregados familiares dependem de uma nova geração de fogões de biomassa mais eficientes. Os combustíveis líquidos limpos obtidos a partir de matérias-primas renováveis são utilizados para cozinhar e iluminar as zonas pobres em energia do mundo em desenvolvimento. O álcool combustível pode ser produzido de forma sustentável a partir de matérias-primas não alimentares açucaradas, amiláceas e celulósicas. Os países Quénia, Nigéria, Etiópia e Moçambique estão a implementar programas de cozinha limpa com fogões a etanol líquido.

Os projectos de energias renováveis em muitos países em desenvolvimento demonstraram que as energias renováveis podem contribuir directamente para a redução da pobreza, fornecendo a energia necessária para criar empresas e emprego. As tecnologias de energias renováveis podem também contribuir indirectamente para a redução da pobreza, fornecendo energia para cozinhar, para o aquecimento de espaços e para a iluminação. As energias renováveis podem também contribuir para a educação, fornecendo electricidade às escolas.

A Agência Internacional para as Energias Renováveis (IRENA) é uma organização intergovernamental que promove a adopção das energias renováveis em todo o mundo. O seu objectivo é prestar aconselhamento político concreto e facilitar a criação de capacidades e a transferência de tecnologia. A IRENA foi criada em 2009, por 75 países e o número de países membros aumentou para mais de 100 actualmente.

O Acordo de Paris de 2015 sobre as alterações climáticas motivou muitos países a desenvolver ou melhorar as políticas em matéria de energias renováveis. Em 2017, um total de 121 países adaptaram alguma forma de política de energias renováveis. Nesse ano, existiam objectivos nacionais em 176 países.

O incentivo à utilização de energias 100% renováveis, para a electricidade, os transportes ou mesmo para o abastecimento total de energia primária a nível mundial, tem sido motivado pelo aquecimento global e por outras preocupações ecológicas e económicas. O Painel Intergovernamental sobre as Alterações Climáticas afirmou que existem poucos limites tecnológicos fundamentais à integração de uma carteira de tecnologias de energias renováveis para satisfazer a maior parte da procura total de energia a nível mundial.

Os obstáculos mais significativos à implementação generalizada de estratégias de energias renováveis em grande escala e de energias com baixas emissões de carbono são essencialmente políticos e não tecnológicos. De acordo com o relatório "Post Carbon Pathways" de 2013, que analisou muitos estudos internacionais, os principais obstáculos são: a negação das alterações climáticas, o lóbi dos combustíveis fósseis, a inacção política, o consumo insustentável de energia, as infra-estruturas energéticas obsoletas e as restrições financeiras.

De acordo com o Banco Mundial, o cenário climático "abaixo dos 2°C" exige três biliões de toneladas de metais e minerais até 2050. A oferta de recursos mineiros como o zinco, o níquel, o molibdénio, a prata e o cobre deve aumentar até 500%.

Outras tecnologias de energias renováveis estão ainda a ser desenvolvidas e incluem o etanol celulósico, a energia geotérmica de rocha seca quente e a energia marinha. Estas tecnologias ainda não estão amplamente demonstradas ou têm uma comercialização limitada. Muitas estão no horizonte e podem ter um potencial comparável ao de outras tecnologias de energias renováveis, mas ainda dependem de atrair atenção suficiente e financiamento para investigação, desenvolvimento e demonstração.

Existem numerosas organizações nos sectores académico, federal e comercial que realizam investigação avançada em grande escala no domínio das energias renováveis. Esta investigação abrange várias áreas de concentração em todo o espectro das energias renováveis. A maior parte da investigação tem como objectivo melhorar a eficiência e aumentar o rendimento energético global.

Tecnologia das energias renováveis

A produção de electricidade renovável, a partir de fontes como a energia eólica e a energia solar, é intermitente, o que resulta num factor de capacidade reduzido e exige um armazenamento de energia de capacidade igual à sua produção total, ou fontes de energia de base baseadas em combustíveis fósseis ou na energia nuclear.

Uma vez que a densidade de potência das fontes de energia renováveis por área terrestre é, na melhor das hipóteses, três ordens de grandeza inferior à da energia fóssil ou nuclear, as centrais eléctricas renováveis tendem a ocupar milhares de hectares, causando preocupações ambientais e a oposição dos residentes locais, especialmente em países densamente povoados. As centrais de energia solar estão a competir com terras aráveis e reservas naturais, enquanto os parques eólicos em terra enfrentam oposição devido a preocupações estéticas e ao ruído, que afecta tanto os seres humanos como a vida selvagem.

O mercado das tecnologias de energias renováveis tem continuado a crescer. As preocupações com as alterações climáticas e o aumento dos empregos verdes, juntamente com os preços elevados do petróleo, o pico do petróleo, as guerras do petróleo, os derrames de petróleo, a promoção dos veículos eléctricos e da electricidade renovável, os desastres nucleares e o aumento do apoio governamental, estão a impulsionar o aumento da legislação, dos incentivos e da comercialização das energias renováveis.

Embora as energias renováveis tenham sido muito bem sucedidas na sua crescente contribuição para a energia eléctrica, não há países dominados por combustíveis fósseis que tenham um plano para parar e obter essa energia a partir de energias renováveis. Apenas a Escócia e o Ontário deixaram de queimar carvão, em grande parte devido ao bom abastecimento de gás natural. No domínio dos transportes, os combustíveis fósseis estão ainda mais enraizados e as soluções são mais difíceis de encontrar. Não é claro se há falhas na política ou nas energias renováveis, mas vinte anos após o Protocolo de Quioto, os combustíveis fósseis continuam a ser a nossa principal fonte de energia e o seu consumo continua a aumentar.

A Agência Internacional da Energia declarou que a implantação de tecnologias renováveis aumenta geralmente a diversidade das fontes de electricidade e, através da produção local, contribui para a flexibilidade do sistema e para a sua resistência aos choques centrais.

A capacidade da biomassa e dos biocombustíveis para contribuírem para a redução das emissões de CO_2 é limitada, porque tanto a biomassa como os biocombustíveis emitem grandes quantidades de poluição atmosférica quando queimados e, nalguns casos, competem com a oferta de alimentos. Além disso, a biomassa e os biocombustíveis consomem grandes quantidades de água. Outras fontes renováveis, como a energia eólica, a energia fotovoltaica e a hidroelectricidade, têm a vantagem de poderem conservar a água, diminuir a poluição e reduzir as emissões de CO_2 . As instalações utilizadas para produzir energia eólica, solar e hidroeléctrica constituem uma ameaça crescente para as principais áreas de conservação, com instalações construídas em áreas reservadas para a conservação da natureza e outras áreas sensíveis do ponto de vista ambiental.

Mais de 2000 instalações de energias renováveis estão construídas e outras estão em construção, em áreas de importância ambiental e ameaçam os habitats de espécies vegetais e animais em todo o mundo. A chave é garantir que as instalações de energias renováveis sejam construídas em locais onde não prejudiquem a biodiversidade.

Os dispositivos de energia renovável dependem de recursos não renováveis, como os metais extraídos, e utilizam grandes quantidades de terra devido à sua pequena densidade de potência superficial. O fabrico de painéis fotovoltaicos, turbinas eólicas e baterias requer quantidades significativas de elementos de terras raras e aumenta as operações de extracção mineira, que têm impacto social e ambiental.

Capítulo 3 Química do hidrogénio

O hidrogénio é o elemento mais abundante no Universo. O Sol e outras estrelas são compostos em grande parte por hidrogénio. Os astrónomos estimam que mais de 90% dos átomos do Universo são átomos de hidrogénio. O hidrogénio é um componente de mais compostos do que qualquer outro elemento. O hidrogénio é uma parte importante do petróleo, de muitos minerais, da celulose, do amido, do açúcar, das gorduras, dos óleos, dos álcoois, dos ácidos e de milhares de outras substâncias.

Um átomo de hidrogénio não combinado é constituído por um núcleo e um electrão de valência na orbital 1s. O hidrogénio pode ocupar duas posições na tabela periódica. É possível considerar o hidrogénio um elemento do grupo 1, porque o hidrogénio pode perder um electrão para formar o catião H+. Também é possível considerar o hidrogénio como um elemento do grupo 17, porque necessita apenas de um electrão para preencher a sua orbital de valência e formar um ião hidreto, H⁻ , ou pode partilhar um electrão para formar uma ligação covalente simples. Na realidade, o hidrogénio é um elemento único que quase merece a sua própria localização na tabela periódica.

A temperaturas normais, o hidrogénio é um gás incolor, inodoro, insípido e não venenoso, constituído pela molécula diatómica H_2 . O hidrogénio é composto por três isótopos. Ao contrário de outros elementos, estes isótopos de hidrogénio têm nomes e símbolos químicos diferentes: prótio, deutério e trítio. Numa amostra natural de hidrogénio, existe um átomo de deutério por cada 7000 átomos de hidrogénio e um átomo de trítio radioactivo por cada 10^{18} átomos de hidrogénio. As propriedades químicas dos diferentes isótopos são muito semelhantes porque têm estruturas electrónicas idênticas, mas diferem em algumas propriedades físicas devido às suas diferentes massas atómicas. O deutério e o trítio elementares têm uma pressão de vapor inferior à do hidrogénio normal. Consequentemente, quando o hidrogénio líquido se evapora, os isótopos mais pesados concentram-se nas últimas porções a evaporar.

O hidrogénio elementar deve ser preparado a partir de compostos através da quebra de ligações químicas.

A água é a fonte mais barata e mais abundante de hidrogénio.

A electrólise da água é o método mais comum de produção de hidrogénio.

At cathode : $2H_2O + 2e \rightarrow H_2 + 2OH$ (Reduction)

At anode   : $2H_2O \rightarrow O_2 + 4H$ (Oxidation)

The overall reaction is : $2H_2O \rightarrow 2H_2 + O_2$

O hidrogénio forma-se quando a electricidade de corrente contínua passa através da água que contém um electrólito como o H_2 SO_4 . Formam-se bolhas de hidrogénio no cátodo e o oxigénio evolui no ânodo. A electrólise da água produz hidrogénio e oxigénio. Como existem duas vezes mais átomos de hidrogénio do que átomos de oxigénio e ambos os elementos são diatómicos, o volume de hidrogénio produzido no cátodo é o dobro do volume de oxigénio produzido no ânodo. A configuração da electrólise é mostrada na Fig. 3.1.

A passagem de vapor sobre coque (uma forma impura de carbono) a 1000 °C produz uma mistura de monóxido de carbono e hidrogénio conhecida como gás de água.

$$C(s) + H_2O(g) + \xrightarrow{\quad 1000^\circ C \quad} CO(g) + H_2(g)$$

O gás de água é um combustível industrial. É possível produzir hidrogénio adicional misturando o gás de água com vapor na presença de um catalisador para converter o CO em CO_2. Esta reacção é a reacção de transferência de gás de água.

Também é possível preparar uma mistura de hidrogénio e monóxido de carbono passando hidrocarbonetos do gás natural ou do petróleo e vapor sobre um catalisador à base de níquel. O propano é um exemplo de um reactor hidrocarboneto:

$$C_3H_8(g) + 3H_2O(g) \xrightarrow[\text{catalyst}]{900^\circ C} 3CO(g) + 7H_2(g)$$

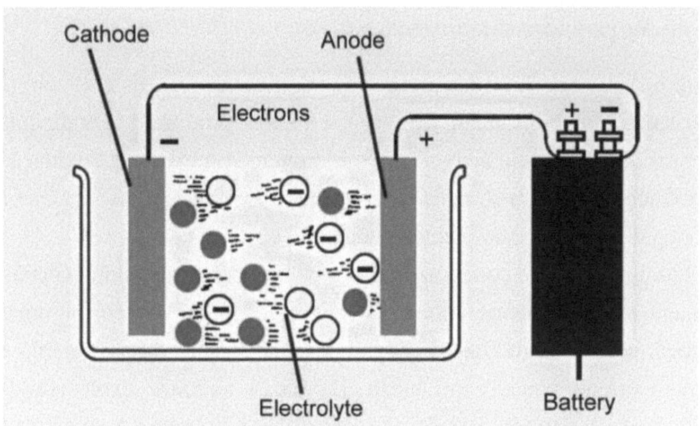

Fig.3.1 : Configuração experimental da electrólise

Os metais com potenciais de redução mais baixos reduzem o ião hidrogénio em ácidos diluídos para produzir gás hidrogénio e sais metálicos. Por exemplo, o ferro em ácido clorídrico diluído produz gás hidrogénio e cloreto de ferro (II):

$$Fe(s) + 2H_3O^+(aq) + 2Cl^-(aq) \rightarrow Fe^{2+}(aq) + 2Cl^-(aq) + H_2(g) + 2H_2O$$

É possível produzir hidrogénio a partir da reacção de hidretos dos metais activos, que contêm o anião H⁻ , fortemente básico, com água:

$$CaH_2(s) + 2H_2O(l) \rightarrow Ca^{2+}(aq) + 2OH^-(aq) + 2H_2(g)$$

Os hidretos metálicos são fontes de hidrogénio caras mas convenientes, especialmente quando o espaço e o peso são factores importantes. São importantes na insuflação de coletes salva-vidas, jangadas salva-vidas e balões militares.

Em condições normais, o hidrogénio é relativamente inactivo do ponto de vista químico, mas quando aquecido, entra em muitas reacções químicas.

Dois terços da produção mundial de hidrogénio são dedicados ao fabrico de amoníaco, que é um adubo e é utilizado no fabrico de ácido nítrico. Grandes quantidades de hidrogénio são também importantes no processo de hidrogenação.

Quando aquecido, o hidrogénio reage com os metais do grupo 1 e com Ca, Sr e Ba, os metais mais activos do grupo 2. Os compostos formados são hidretos iónicos cristalinos que contêm o anião hidreto, H⁻ , um forte agente redutor e uma base forte, que reage vigorosamente com água e outros ácidos para formar hidrogénio gasoso.

Actividade química do hidrogénio

As reacções do hidrogénio com não metais produzem geralmente compostos de hidrogénio ácidos com o hidrogénio no estado de oxidação +1. As reacções tornam-se mais exotérmicas e vigorosas à medida que a electronegatividade do não metal aumenta.

O hidrogénio reage com o azoto e o enxofre apenas quando aquecido, mas reage explosivamente com o flúor (formando HF) e, em algumas condições, com o cloro (formando HCl). Uma mistura de hidrogénio e oxigénio explode quando inflamada. Devido à natureza explosiva da reacção, é necessário ter cuidado ao manusear o hidrogénio para evitar a formação de uma mistura explosiva num espaço confinado. Algumas reacções químicas do hidrogénio com outros elementos estão resumidas na Tabela 3.1.

O hidrogénio reduz os óxidos aquecidos de muitos metais, com a formação do metal e do vapor de água. Por exemplo, a passagem de hidrogénio sobre CuO aquecido forma cobre e água.

General Equation	Comments
MH or $MH_2 \rightarrow MOH$ or $M(OH)_2 + H_2$	ionic hydrides with group 1 and Ca, Sr and Ba
$H_2 + C \rightarrow$	no reaction under normal conditions
$3H_2 + N_2 \rightarrow 2NH_3$	requires high pressure and temperature; low yield
$2H_2 + O_2 \rightarrow 2H_2O$	exothermic and potentially explosive
$H_2 + S \rightarrow H_2S$	requires heating; low yield
$H_2 + X_2 \rightarrow 2HS$	$X = F, Cl, Br$ and I; explosive with F_2; low yield to I_2

Quadro 3.1 : Reacções químicas do hidrogénio com outros elementos

O hidrogénio pode também reduzir os iões metálicos em alguns óxidos metálicos para estados de oxidação mais baixos:

$$H_2(g) + MnO_2(s) \xrightarrow{\Delta} MnO(s) + H_2O(g)$$

Para além dos gases nobres, cada um dos não-metais forma compostos com o hidrogénio. Por uma questão de brevidade, discutiremos aqui apenas alguns compostos de hidrogénio dos não-metais.

O amoníaco, NH_3 , forma-se naturalmente quando qualquer material orgânico contendo azoto se decompõe na ausência de ar. A preparação laboratorial do amoníaco é feita através da reacção de um sal de amónio com uma base forte, como o hidróxido de sódio. A reacção ácido-base com o ião de amónio, fracamente ácido, dá origem ao amoníaco. O amoníaco também se forma quando nitretos iónicos reagem com água. O ião nitreto é uma base muito mais forte do que o ião hidróxido:

$$Mg_3N_2(s) + 6H_2O(l) \rightarrow 3Mg(OH)_2(s) + 2NH_3(g)$$

A produção comercial de amoníaco é feita através da combinação directa dos elementos no processo Haber:

$$N_2(g) + 3H_2(g) \underset{\xrightarrow{\hspace{1.5cm}}}{\xleftarrow{\hspace{1.5cm}}}^{\text{Catalyst}} 2NH_3(g); \Delta H^0 = -92kJ$$

O amoníaco é um gás incolor com um odor forte e pungente. Os sais olfactivos utilizam este forte odor. O amoníaco gasoso liquefaz-se rapidamente para dar um líquido incolor que ferve a -33°C. Devido às ligações de hidrogénio intermoleculares, a entalpia de vaporização do amoníaco líquido é superior à de qualquer outro líquido, excepto a água, pelo que o amoníaco é útil como refrigerante. O amoníaco é bastante solúvel em água.

O hidreto de fósforo mais importante é a fosfina, PH_3 , um análogo gasoso do amoníaco, tanto em termos de fórmula como de estrutura. Ao contrário do amoníaco, não é possível formar a fosfina por união directa dos elementos. Existem dois métodos para a preparação da fosfina. Um método é a acção de um ácido sobre um fosforeto iónico. O outro método consiste na desproporção do fósforo branco com uma base concentrada a quente, para produzir fosfina e o ião hidrogénio fosfito:

$$AlP(s) + 3H_3O^+(aq) \rightarrow PH_3(g) + Al^{3+}(aq) + 3H_2O(l)$$

$$P_4(s) + 4OH^-(aq) + 2H_2O(l) \rightarrow 2HPO_3^{2-}(aq) + 2PH_3(g)$$

Os compostos binários que contêm apenas hidrogénio e um halogéneo são halogenetos de hidrogénio. À temperatura ambiente, os halogenetos de hidrogénio puros HF, HCl, HBr e HI são gases.

Em geral, é possível preparar os halogenetos através das técnicas gerais utilizadas para preparar outros ácidos. O flúor, o cloro e o bromo reagem directamente com o hidrogénio para formar o respectivo halogeneto de hidrogénio. Esta é uma reacção comercialmente importante para preparar cloreto de hidrogénio e brometo de hidrogénio.

A reacção ácido-base entre um ácido forte não volátil e um halogeneto metálico produzirá um halogeneto de hidrogénio. A fuga do halogeneto de hidrogénio gasoso conduz a reacção até à sua conclusão. Por exemplo, o método habitual de preparação do fluoreto de hidrogénio consiste em aquecer uma mistura de fluoreto de cálcio, CaF_2 , e ácido sulfúrico concentrado:

$$CaF_2(s) + H_2SO_4(aq) \rightarrow CaSO_4(s) + 2HF(g)$$

O fluoreto de hidrogénio gasoso é também um subproduto da preparação de adubos fosfatados através da reacção da fluoroapatite, Ca_5 $(PO\ )_{43}\ F$, com ácido sulfúrico. A reacção de ácido sulfúrico concentrado com um sal de cloreto produz cloreto de hidrogénio, tanto comercialmente como em laboratório.

Na maioria dos casos, o cloreto de sódio é o cloreto de eleição por ser o cloreto menos dispendioso. O brometo de hidrogénio e o iodeto de hidrogénio não podem ser preparados com ácido sulfúrico, porque este ácido é um agente oxidante capaz de oxidar tanto o brometo como o iodeto. No entanto, é possível preparar o brometo de hidrogénio e o iodeto de hidrogénio utilizando um ácido como o ácido fosfórico, porque é um agente oxidante mais fraco.

Todos os halogenetos de hidrogénio são muito solúveis em água, formando ácidos hidroalcoólicos. Com excepção do fluoreto de hidrogénio, que tem uma forte ligação hidrogénio-fluoreto, são ácidos fortes. As reacções dos ácidos hidroalcoólicos com metais, hidróxidos metálicos, óxidos ou carbonatos produzem sais dos halogenetos. A maioria dos sais de cloreto são solúveis em água. $AgCl$, $PbCl_2$, e $Hg_2\ Cl_2$ são as excepções mais comuns.

Os iões halogenetos conferem às substâncias as propriedades associadas ao X^- (aq). Os iões halogenetos mais pesados (Cl^- , Br^- , e I^-) podem actuar como agentes redutores e os halogéneos mais leves ou outros agentes oxidantes irão oxidá-los.

$$Cl_2(aq) + 2e^- \rightarrow 2Cl^-(aq) \ ; \ E^0 = 1.36V$$

$$Br_2(aq) + 2e^- \rightarrow 2Br^-(aq) \ ; \ E^0 = 1.09V$$

$$I_2(aq) + 2e^- \rightarrow 2I^-(aq) \ ; \ E^0 = 0.54V$$

O ácido fluorídrico é único nas suas reacções com a areia (dióxido de silício) e com o vidro, que é uma mistura de silicatos:

$$SiO_2(s) + 4HF(aq) \rightarrow SiF_4(g) + 2H_2O(l)$$

$$CaSiO_3(s) + 6HF(aq) \rightarrow CaF_2(s) + SiF_4(g) + 3H_2O(l)$$

O tetrafluoreto de silício volátil escapa destas reacções. Como o fluoreto de hidrogénio ataca o vidro, pode congelar ou gravar o vidro e é utilizado para gravar marcas em termómetros, buretas e outros objectos de vidro.

Valor do combustível do hidrogénio

Actualmente, reconhece-se que o hidrogénio é um combustível não poluente. A reacção do hidrogénio com o oxigénio é uma reacção muito exotérmica, libertando 286 kJ de energia por mole de água formada. O hidrogénio arde sem explosão em condições controladas.

O maçarico de oxigénio-hidrogénio, devido ao elevado calor de combustão do hidrogénio, pode atingir temperaturas até 28000°C. A chama quente deste maçarico é útil para cortar chapas grossas de muitos metais. O hidrogénio líquido é também um importante combustível para foguetões.

$$2H_2 + O_2 \rightarrow 2H_2O + 572kJ$$

O poder calorífico é uma medida do valor do combustível. É a quantidade de energia libertada por cada grama de combustível queimado. O poder calorífico do hidrogénio é de 143 kJ por grama, o mais elevado de todos os combustíveis.

Os investigadores sintetizaram recentemente ligas nanoporosas de entropia ultra-elevada que contêm 14 elementos. Os testes mostraram que as ligas eram capazes de separar a água e tinham um desempenho melhor do que os catalisadores comerciais da reacção de evolução do hidrogénio à base de platina e os catalisadores da reacção de evolução do oxigénio à base de irídio.

A maior parte dos catalisadores de ligas convencionais contém um constituinte metálico primário com elevada percentagem atómica, tal como a platina, e um ou dois tipos de constituintes metálicos secundários com uma percentagem atómica relativamente baixa. Os constituintes metálicos menores proporcionam normalmente efeitos ligantes ou de deformação benéficos para melhorar o desempenho catalítico do constituinte metálico primário".

As ligas de alta entropia, no entanto, são um conceito relativamente novo e contêm cinco ou mais elementos diferentes em proporções quase equiatómicas.

Indo muito para além dos cinco elementos, Takeshi Fujita, da Universidade de Tecnologia de Kochi, sintetizou ligas nanoporosas de entropia ultra-alta contendo 14 elementos diferentes, nomeadamente alumínio, prata, ouro, cobalto, cobre, ferro, irídio, molibdénio, níquel, paládio, platina, ródio, ruténio e titânio, através de um processo simples de dessolidarização numa só fase. Esta novidade dos catalisadores e da actividade catalítica é muito útil para a redução dos custos do fabrico de hidrogénio.

Combustível do futuro

Sendo um ávido investigador de combustíveis alternativos e um ambicioso estudante de química, este investigador compreende a importância de uma mudança para uma economia de hidrogénio.

O hidrogénio é um vector energético que pode ser utilizado em motores de combustão interna ou em células de combustível, não produzindo praticamente quaisquer emissões de gases com efeito de estufa quando queimado com oxigénio. A única emissão significativa é o vapor de água.

A produção e o armazenamento de hidrogénio estão actualmente a ser objecto de uma investigação aprofundada. Um sistema solar-hidrogénio pode fornecer os meios para um método de produção de hidrogénio totalmente isento de emissões. Embora a reforma a vapor do metano seja actualmente a principal via para a produção de hidrogénio, as emissões envolvidas também podem ser controladas de forma muito mais eficiente do que o nosso actual sistema de combustível para transportes.

As vantagens e desvantagens da utilização do hidrogénio como combustível para transportes são comparadas no quadro 3.2. Embora existam números negativos consideráveis, parece que a economia do combustível hidrogénio é mais adequada para o futuro.

Quadro 3.2 : Utilização do hidrogénio como combustível para transportes

Vantagens	Desvantagens
Elevado rendimento energético (122 kJ/g)	Baixa densidade
Elemento mais abundante	Não se encontra livre na natureza

Produzido a partir de muitas fontes de energia primária	Baixa energia de ignição (semelhante à gasolina)
Ampla gama de inflamabilidade (motores a hidrogénio que funcionam com misturas pobres)	Actualmente caro
Alta difusividade	Necessidade de grandes áreas de armazenamento
O vapor de água é o principal produto de oxidação	
O combustível mais versátil	

As alterações climáticas são um problema grave que está a tornar-se cada vez mais evidente para grande parte da população. O aumento dos níveis de dióxido de carbono contribuiu directamente para o fenómeno do aquecimento global.

O núcleo da investigação diz respeito às vantagens do hidrogénio e aos progressos actuais relacionados com as desvantagens do hidrogénio como combustível para os transportes. Há muito trabalho em curso para iniciar uma mudança de uma economia de combustíveis fósseis para uma economia de hidrogénio.

O armazenamento e transporte de hidrogénio é uma questão crítica que envolve intensa investigação. O problema é a baixa densidade do hidrogénio gasoso. Foram propostas três soluções possíveis. Estes potenciais sistemas de distribuição de hidrogénio incluem reboques de tubos comprimidos, camiões-cisterna de armazenamento de líquidos e gasodutos de gás comprimido.

As formas de armazenamento do hidrogénio estão resumidas na Tabela 3.3 e as propriedades de armazenamento dos hidretos metálicos na Tabela 3.4. Uma das principais desvantagens de cada sistema são os elevados custos de capital. No entanto, as vantagens ajudarão a ultrapassar certas dificuldades de armazenamento.

Quadro 3.3 : Formas possíveis de armazenamento do hidrogénio

Formulário de armazenamento	Vantagens	Desvantagens
Gás comprimido	Fiável Tempo de armazenamento indefinido Fácil de utilizar	Custos de capital e de funcionamento mais elevados O calor pode provocar a ruptura do contentor
Líquido	Alta densidade a baixa pressão	Custo elevado Temperaturas baixas necessárias A fuga pode provocar um incêndio Possibilidade de asfixia
Hidreto metálico	Elevada eficiência de volume Fácil recuperação Estado físico estável Muito seguro	Materiais caros Tanques de armazenamento pesados

Tabela 3.4: Propriedades de armazenamento de hidrogénio dos hidretos metálicos

Metal	Hidreto	% de hidrogénio em massa	Pressão de equilíbrio (bar)	Temperatura de equilíbrio (K)
Pd	$PdH0.6$	0.56	0.020	298
$LaNi_5$	$LaNi\ H6_5$	1.37	2	298
ZrV2	ZW2H5.5	3.01	10^{-8}	323
FeTi	FeTiH2	1.89	5	303

Mg2N i	$Mg_2\,NiH_4$	3.59	1	555
TiV2	$TiV\,H_{24}$	2.60	10	313

Algumas imagens do armazenamento de hidrogénio na forma líquida e na forma comprimida são apresentadas, respectivamente, na Fig. 3.2 e na Fig. 3.3.

Fig.3.2 : Armazenamento de hidrogénio liquefeito

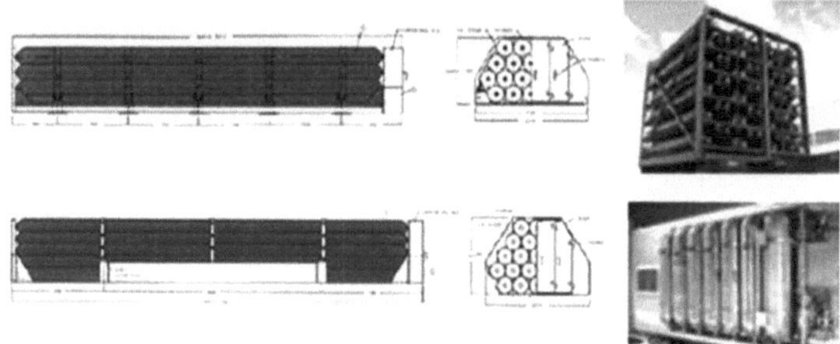

Fig.3.3 : Armazenamento de hidrogénio comprimido

Capítulo 4 Pilhas de combustível a hidrogénio

Uma comparação crítica de diferentes aspectos dos parâmetros dos combustíveis, o hidrogénio tem certas características únicas para considerações futuras. Uma questão importante é "Porque é que o hidrogénio é tão importante? A resposta é "sim", devido aos seguintes factores.

1. O hidrogénio representa ~75% do universo conhecido.
2. Na Terra, não se trata de uma fonte de energia como o petróleo ou o carvão. É apenas um vector energético como a electricidade ou a gasolina - uma forma de energia, derivada de uma fonte, que pode ser transportada
3. O transportador de energia mais versátil

   - Pode ser fabricado a partir de qualquer fonte e utilizado para qualquer serviço
   - Facilmente armazenável em grandes quantidades
4. Quase nunca se encontra por si só; tem de ser libertado

   - "Reformar" HCs ou CHs com calor e catalisadores
   - "Electrolisar" a água (dividir o $H_2 O$ com electricidade)
   - Métodos experimentais: fotólise, plasma, microorganismos...
5. Poder calorífico mais elevado: Um kg de H_2 = Dez kg de gasolina

Uma análise dos acontecimentos históricos revela que o hidrogénio tem dois longos séculos de registos relacionados com as suas considerações como combustível alternativo. A história do hidrogénio como fonte de energia é apresentada na Tabela 4.1.

Uma célula de combustível é uma célula electroquímica que converte a energia química de um combustível e de um agente oxidante em electricidade através de um par de reacções redox. Frequentemente, o combustível é o hidrogénio e o agente oxidante é o oxigénio. As pilhas de combustível diferem da maioria das baterias por necessitarem de uma fonte contínua de combustível e oxigénio (normalmente do ar) para sustentar a reacção química, enquanto que numa bateria a energia química provém normalmente de metais e dos seus iões ou óxidos que normalmente já estão presentes na bateria, excepto nas baterias de fluxo. As pilhas de combustível podem produzir electricidade continuamente enquanto houver fornecimento de combustível e oxigénio.

Quadro 4.1 : História anual do hidrogénio como energia

S.N.	Ano do evento	Detalhes da descrição do evento
1	1820	A combustão de hidrogénio num dispositivo semelhante a um motor permite realizar um trabalho mecânico melhor do que uma máquina a vapor, uma vez que não é necessário tempo de aquecimento.
2	1874	Previsão de ficção científica de que o hidrogénio seria o principal combustível depois do carvão, através da decomposição da água com recurso à electricidade.
3	1900	Primeiras experiências laboratoriais com electrólise.
4	1923	Hidrogénio produzido a partir de electricidade eólica em Inglaterra para evitar a poluição das centrais eléctricas alimentadas a carvão. Hidrogénio armazenado como um líquido criogénico.
5	1930	Hidrogénio distribuído em condutas na Alemanha. O hidrogénio é utilizado em misturas com combustíveis líquidos para aumentar consideravelmente a potência dos motores.
6	1950	Primeira célula de combustível hidrogénio/ar em laboratório em Inglaterra
7	1962	Células de combustível funcionam na Alemanha em ligação com a separação de água com energia solar.
8	1962	Proposta de utilização da energia solar para produzir hidrogénio para células de combustível em zonas urbanas para gerar electricidade.
9	1970	A General Motors propôs a utilização da pilha de combustível em automóveis de passageiros para substituir o motor a gasolina.

As primeiras pilhas de combustível foram inventadas em 1838. A primeira utilização comercial das pilhas de combustível ocorreu mais de um século depois, com a invenção da pilha de combustível hidrogénio-oxigénio em 1932. A pilha de combustível alcalina, também conhecida como pilha de combustível Bacon, em homenagem ao seu inventor, tem sido utilizada nos programas espaciais da NASA desde meados dos anos 60 para gerar energia para satélites e cápsulas espaciais. Desde então, as células de combustível têm sido utilizadas em muitas outras aplicações. As células de combustível são utilizadas para energia primária e de reserva em edifícios comerciais, industriais e residenciais e em áreas remotas ou inacessíveis. São também utilizadas para alimentar veículos movidos a células de combustível, incluindo empilhadores, automóveis, autocarros, barcos, motociclos e submarinos.

Existem muitos tipos de células de combustível, mas todas elas consistem num ânodo, um cátodo e um electrólito que permite que os iões, frequentemente iões de hidrogénio com carga positiva (protões), se desloquem entre os dois lados da célula de combustível. No ânodo, um catalisador faz com que o combustível sofra reacções de oxidação que geram iões (frequentemente iões de hidrogénio com carga positiva) e electrões. Os iões deslocam-se do ânodo para o cátodo através do electrólito. Ao mesmo tempo, os electrões fluem do ânodo para o cátodo através de um circuito externo, produzindo electricidade em corrente contínua. No cátodo, outro catalisador faz com que os iões, os electrões e o oxigénio reajam, formando água e possivelmente outros produtos.

As células de combustível são classificadas pelo tipo de electrólito que utilizam e pela diferença no tempo de arranque, que vai de 1 segundo para as células de combustível de membrana permutadora de protões a 10 minutos para as células de combustível de óxido sólido. Uma tecnologia relacionada é a das baterias de fluxo, em que o combustível pode ser regenerado por recarga. As células de combustível individuais produzem potenciais eléctricos relativamente pequenos, cerca de 0,7 volts, pelo que as células são "empilhadas", ou colocadas em série, para criar tensão suficiente para satisfazer os requisitos de uma aplicação. Para além da electricidade, as pilhas de combustível produzem água, calor e, dependendo da fonte de combustível, quantidades muito pequenas de dióxido de azoto e outras emissões. A eficiência energética de uma pilha de combustível situa-se geralmente entre 40-60%; no entanto, se o calor residual for captado num esquema de co-geração, podem ser obtidas eficiências até 85%.

O mercado das pilhas de combustível está a crescer, e o mercado das pilhas de combustível estacionárias atingiu quase 50 gigawatts.

As células de combustível existem em muitas variedades; no entanto, todas elas funcionam da mesma forma geral. São constituídas por três segmentos adjacentes: o ânodo, o electrólito e o cátodo. Duas reacções químicas ocorrem nas interfaces dos três segmentos diferentes. O resultado líquido das duas reacções é o consumo de combustível, a criação de água ou dióxido de carbono e a criação de uma corrente eléctrica, que pode ser utilizada para alimentar dispositivos eléctricos, normalmente designados por carga.

No ânodo, um catalisador oxida o combustível, normalmente o hidrogénio, transformando-o num ião de carga positiva e num electrão de carga negativa. O electrólito é uma substância especificamente concebida para que os iões possam passar através dela, mas os electrões não. Os electrões libertados viajam através de um fio, criando a corrente eléctrica. Os iões viajam através do electrólito para o cátodo. Ao chegarem ao cátodo, os iões reúnem-se com os electrões e os dois reagem com um terceiro químico, normalmente o oxigénio, para criar água ou dióxido de carbono.

A concepção de uma célula de combustível inclui as seguintes características

1. A substância electrolítica, que normalmente define o tipo de célula de combustível, pode ser feita a partir de uma série de substâncias como o hidróxido de potássio, carbonatos de sal e ácido fosfórico.

2. O combustível que é utilizado. O combustível mais comum é o hidrogénio.

3. O catalisador do ânodo, normalmente um pó fino de platina, decompõe o combustível em electrões e iões.

4. O catalisador catódico, frequentemente o níquel, converte os iões em resíduos químicos, sendo a água o tipo de resíduo mais comum.

5. Camadas de difusão de gás concebidas para resistir à oxidação.

Tipos de células de combustível

Uma pilha de combustível típica produz uma tensão de 0,6-0,7 V a plena carga nominal. A tensão diminui à medida que a corrente aumenta, devido a vários factores: Perda de activação; perda óhmica (queda de tensão devido à resistência dos componentes da célula e das interligações) e perda de transporte de massa (esgotamento dos reagentes nos locais do catalisador sob cargas elevadas, causando uma rápida perda de tensão).

Para fornecer a quantidade de energia desejada, as células de combustível podem ser combinadas em série para produzir uma tensão mais elevada e em paralelo para permitir o fornecimento de uma corrente mais elevada. Este tipo de concepção é designado por pilha de células de combustível. A área de superfície da célula também pode ser aumentada, para permitir uma maior corrente de cada célula.

Uma das tecnologias electroquímicas mais modernas para a produção de electricidade é a pilha de combustível. A célula de combustível pode ser de diferentes tipos. Embora, em princípio, todas as células de combustível sejam iguais. Mas as diferentes células de combustível utilizam combustíveis diferentes. Entre elas, a célula de combustível hidrogénio-oxigénio é uma das mais populares. Neste caso, o hidrogénio e o oxigénio são os combustíveis da célula.

A construção de uma célula de combustível hidrogénio-oxigénio não é muito complicada (Fig. 4.1). Na sua estrutura de construção mais básica, existem duas entradas. Uma é para o H_2 e a outra para o O_2 . Existem dois eléctrodos. Os eléctrodos são feitos de grafite porosa ou de qualquer outro material semelhante. Os eléctrodos funcionam como barreiras. Estas barreiras impedem que o gás hidrogénio e o gás oxigénio se misturem. O eléctrodo que serve de barreira à entrada do hidrogénio é o ânodo. Por outro lado, o eléctrodo que está virado para a entrada de oxigénio é o cátodo. O espaço disponível entre os eléctrodos contém o electrólito aqua NaOH.

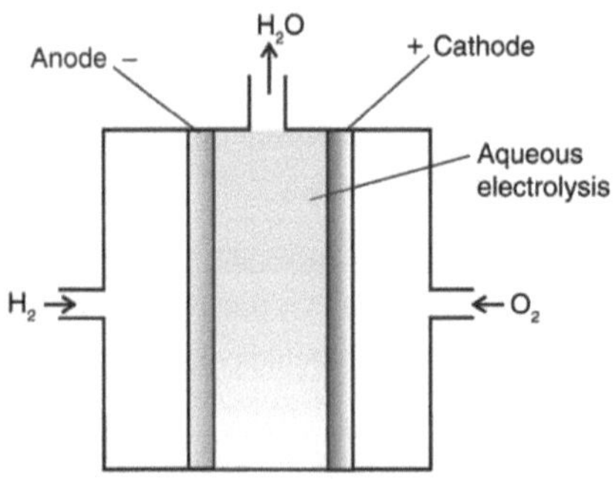

Fig.4.1 : Célula de combustível hidrogénio-oxigénio

Devido à natureza porosa do ânodo, este permanece molhado com electrólito. O gás hidrogénio que entra através da entrada de hidrogénio entra em contacto com o electrólito no ânodo poroso.

As moléculas de hidrogénio reagem com os iões OH⁻ do electrólito. Esta é a reacção de oxidação do hidrogénio. Esta reacção forma moléculas de água e electrões livres.

$$2H_2 + 4OH^- \Rightarrow 4H_2O + 4e$$

Estes electrões livres chegam ao cátodo através do circuito de carga externo. No cátodo poroso, estes electrões participam na reacção de redução. Por isso, o oxigénio reage com a água e forma iões OH⁻. Esta meia-reacção compensa o défice de iões OH⁻ do electrólito NaOH ocorrido durante a reacção de oxidação no ânodo.

$$O_2 + 2H_2O + 4e \Rightarrow 4OH^-$$

A reacção química global é dada por : $2H_2 + O_2 \Rightarrow 2H_2O$

A força electromotriz padrão de uma célula de combustível hidrogénio-oxigénio é de 0,9 V.

Vantagens das pilhas de combustível de hidrogénio-oxigénio

1. Tanto o hidrogénio como o oxigénio estão facilmente disponíveis como combustível.
2. O resultado das células de combustível de oxigénio-hidrogénio é água pura. Esta água é tão pura que a podemos beber directamente. Assim, estas células não criam qualquer poluição na atmosfera.
3. A eficiência desta célula de combustível é de cerca de 60-70%, muito superior à de uma central térmica convectiva (40-50%).

O hidrogénio pode ser utilizado como combustível primário num motor de combustão interna ou numa célula de combustível. Um motor de combustão interna a hidrogénio é semelhante a um motor a gasolina, onde o hidrogénio entra em combustão com o oxigénio do ar e produz gases quentes em expansão que movem directamente as partes físicas de um motor. As únicas emissões são vapor de água e quantidades insignificantes de óxidos nitrosos. A eficiência é pequena, cerca de 20%.

Uma célula de combustível de membrana electrolítica polimérica (PEM) produz uma corrente eléctrica a partir do hidrogénio combustível e do oxigénio do ar. O hidrogénio é dividido em iões de hidrogénio e electrões por um catalisador de platina no ânodo. A PEM permite que apenas os iões de hidrogénio passem para o cátodo, onde estes iões reagem com o oxigénio para produzir água. Os electrões percorrem um circuito criando uma corrente eléctrica.

As células de combustível estão dispostas em pilhas, de modo a fornecer electricidade suficiente para alimentar um veículo. A utilização de uma célula de combustível elimina as emissões de óxido nitroso. Além disso, a pilha de combustível é 45-60% eficiente.

O hidrogénio é um combustível de emissões zero queimado com oxigénio. Pode ser utilizado em pilhas de combustível ou em motores de combustão interna. Começou a ser utilizado em veículos comerciais com células de combustível, como os automóveis de passageiros, e tem sido utilizado em autocarros com células de combustível há muitos anos. É também utilizado como combustível para a propulsão de naves espaciais.

O hidrogénio está contido em enormes quantidades na água, nos hidrocarbonetos e noutras matérias orgânicas. Um dos desafios da utilização do hidrogénio como combustível reside na capacidade de extrair eficazmente o hidrogénio destes compostos. Actualmente, a reforma a vapor, que combina vapor a alta temperatura com gás natural, é responsável pela maior parte do hidrogénio produzido. Este método de produção de hidrogénio ocorre a temperaturas entre 700-1100°C e tem uma eficiência resultante entre 60-75%.

Todos os combustíveis são perigosos, sejam eles grandes ou pequenos, mas o hidrogénio é comparativamente pouco ou nada perigoso. A chama clara da combustão não pode ser vista à distância, não há fumo, não há explosão ao ar livre. Durante a combustão, o hidrogénio sobe, mas não se forma uma poça. Ninguém morreu no incêndio do hidrogénio e não está relacionado com as bombas de hidrogénio.

A tecnologia do hidrogénio e das células de combustível está agora a ganhar força num número crescente de aplicações mais especializadas, incluindo comboios e empilhadores. As aplicações na marinha e na aviação estão a ser preparadas, e podemos estar a pensar num futuro próximo.

Capítulo 5 Economia de combustível a hidrogénio

O hidrogénio é o "combustível eterno", que nunca se pode esgotar devido ao ciclo de conservação, mostrado na Fig. 5.1. As actuais utilizações do hidrogénio e as percentagens de hidrogénio nas respectivas utilizações estão resumidas no Quadro 5.1.

Dois desenvolvimentos fundamentais contribuíram para o crescimento do hidrogénio nos últimos anos: o custo do fornecimento de hidrogénio a partir de energias renováveis baixou e continua a baixar, ao mesmo tempo que aumentou a urgência da atenuação das emissões de gases com efeito de estufa. Muitos países começaram a tomar medidas para descarbonizar as suas economias, nomeadamente a oferta e a procura de energia. O debate sobre o hidrogénio evoluiu ao longo das duas últimas décadas, com uma mudança de atenção das aplicações para a indústria automóvel para aplicações difíceis de descarbonizar

Fig.5.1 : Ciclo de conservação da água e dos seus elementos

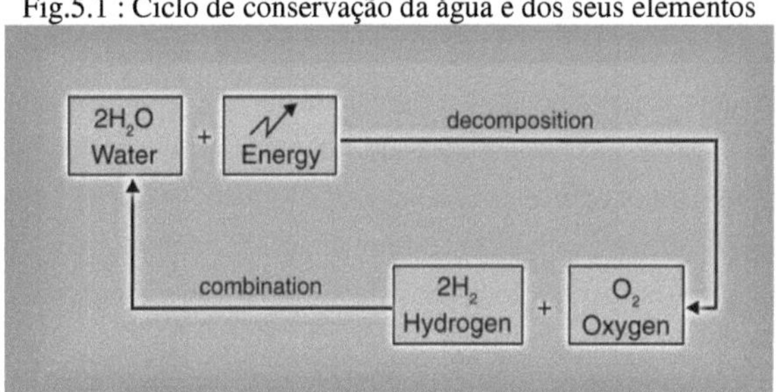

Quadro 5.1 Utilizações actuais do hidrogénio

S.N.	Utilização actual	Percentagem de utilização
1	Refinação de petróleo e petroquímica	93.0
2	Processamento de metais	2.7
3	Fabrico de electrónica	1.5

4	Transformação de alimentos	0.7
5	Fabrico de vidro	0.4
6	Produção de energia eléctrica	0.3

sectores como as indústrias de elevada intensidade energética, os camiões, a aviação, a navegação e as aplicações de aquecimento.

É essencial garantir um abastecimento de hidrogénio limpo e com baixo teor de carbono. As opções de abastecimento actuais e futuras incluem: produção de hidrogénio a partir de combustíveis fósseis, hidrogénio azul e hidrogénio proveniente de energias renováveis.

Prevê-se que o hidrogénio verde, produzido com electricidade renovável, cresça rapidamente nos próximos anos. Muitos projectos em curso e planeados apontam nessa direcção. O hidrogénio produzido a partir de energias renováveis é hoje tecnicamente viável e aproxima-se rapidamente da competitividade económica. O interesse crescente por esta opção de aprovisionamento é impulsionado pela queda dos custos da energia renovável e pelos desafios de integração dos sistemas devido ao aumento da quota-parte do aprovisionamento variável de energia renovável. A tónica é colocada na implantação e na aprendizagem através da prática para reduzir os custos dos electrolisadores e a logística da cadeia de abastecimento. Para tal, será necessário financiamento. Os decisores políticos devem também considerar a forma de criar quadros legislativos que facilitem o acoplamento do sector baseado no hidrogénio.

Existem sinergias importantes entre o hidrogénio e as energias renováveis. O hidrogénio pode aumentar substancialmente o potencial de crescimento do mercado da electricidade renovável e alargar o alcance das soluções renováveis na indústria. Os electrolisadores podem aumentar a flexibilidade do lado da procura. Países europeus como a Alemanha e os Países Baixos enfrentam futuros limites de electrificação nos sectores de utilização final que podem ser ultrapassados com o hidrogénio. O hidrogénio também pode ser utilizado para o armazenamento sazonal de energia. O hidrogénio de baixo custo é a condição prévia para pôr em prática estas sinergias.

A transição energética baseada no hidrogénio não se fará de um dia para o outro. O hidrogénio seguirá provavelmente outras estratégias, como a electrificação dos sectores de utilização final, e a sua utilização visará aplicações específicas. A necessidade de uma nova infra-estrutura de abastecimento específica pode limitar a utilização do hidrogénio a determinados países que decidam seguir esta estratégia. Por conseguinte, os esforços em prol do hidrogénio não devem ser considerados uma panaceia. Em vez disso, o hidrogénio representa uma solução complementar que é especialmente relevante para os países com objectivos climáticos ambiciosos.

Enquanto o transporte internacional de hidrogénio está a ser desenvolvido, outra oportunidade que merece mais atenção é o comércio de produtos de base com elevada intensidade energética produzidos com hidrogénio. A produção de amoníaco, o fabrico de ferro e aço, os líquidos para a aviação e as matérias-primas para a produção de materiais orgânicos sintéticos parecem ser os principais mercados. No entanto, é necessário ultrapassar os obstáculos em termos de custos e de eficiência. Isto pode constituir uma oportunidade para acelerar a implantação global das energias renováveis com benefícios económicos.

Consideração estratégica

O hidrogénio é um vector de energia limpa que pode desempenhar um papel importante na transição energética global. O seu aprovisionamento é fundamental. O hidrogénio verde proveniente de fontes renováveis é uma via de produção de carbono quase nula. Existem sinergias importantes entre a implantação acelerada de energias renováveis e a produção e utilização de hidrogénio.

Foram elaborados roteiros para o hidrogénio e respectivas oportunidades para diferentes países, incluindo: Austrália (ARENA, 2018), Brasil (CGEE, 2010), Europa (FCH, 2019), França (MTES, 2018), Alemanha (Robinius 2018), Japão (ANRE, 2017), Países Baixos (NIB, 2017), Reino Unido (E4Tech, 2016) e Estados Unidos da América (US Drive, 2017). As estratégias dos países diferem em termos de vias de produção de hidrogénio e das principais utilizações finais do hidrogénio.

O hidrogénio fará parte dos esforços de atenuação das emissões nas próximas décadas. A análise da Agência Internacional para as Energias Renováveis (IREAN). Renewable Energy Roadmap (REMAP) indica uma quota de 6% de hidrogénio no consumo final total de energia até 2050, enquanto o Conselho do Hidrogénio, no seu roteiro, sugere que pode ser alcançada uma quota de 18% até 2050.

Actualmente, são produzidas cerca de 120 milhões de toneladas de hidrogénio por ano, das quais dois terços são hidrogénio puro e um terço em mistura com outros gases. Isto equivale a 14,4 exajoules, cerca de 4% da energia final global e da utilização não energética, de acordo com as estatísticas da Agência Internacional da Energia. Cerca de 95% de todo o hidrogénio é produzido a partir do gás natural e do carvão. Cerca de 5% é gerado como um subproduto da produção de cloro através da electrólise. Na indústria do ferro e do aço, o gás de coqueria também contém uma elevada percentagem de hidrogénio, algum do qual é recuperado. A procura global de hidrogénio é apresentada na Fig. 5.2. Actualmente, não existe uma produção significativa de hidrogénio a partir de fontes renováveis. No entanto, é de esperar que esta situação se altere em breve.

Actualmente, a grande maioria do hidrogénio é produzida e utilizada nas instalações da indústria. A produção de amoníaco e a refinação de petróleo são os principais objectivos, representando dois terços da utilização de hidrogénio. O amoníaco é utilizado como fertilizante azotado e para a produção de outros produtos químicos. Nas refinarias de petróleo, o hidrogénio é adicionado ao petróleo mais pesado para a produção de combustível para transportes. A produção de metanol a partir do carvão tem crescido rapidamente na China nos últimos anos.

O papel da infra-estrutura de gás para o hidrogénio renovável
Os gasodutos que transportam hidrogénio puro são tecnicamente viáveis e funcionam há décadas em vários locais, incluindo os EUA, a Alemanha, a França, os Países Baixos e a Bélgica. No entanto, a extensão desses gasodutos

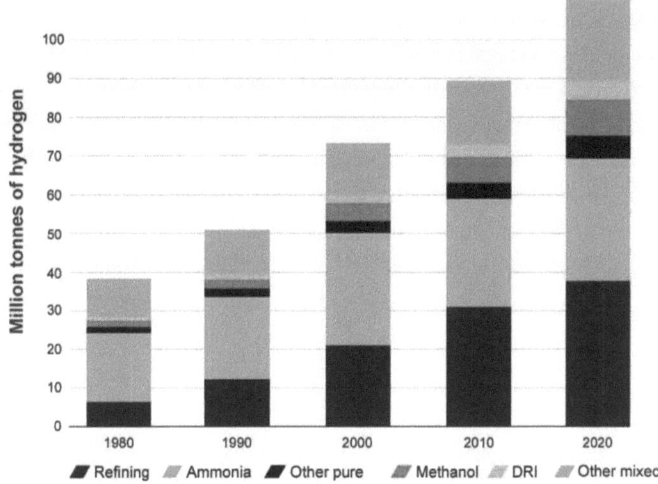

Fig.5.2 : Procura anual global de hidrogénio

são limitados e não constituem uma base alargada para uma rápida expansão da utilização do hidrogénio.

Em certas partes do mundo, existem infra-estruturas significativas de transporte e distribuição de gás natural. Essas infra-estruturas podem ser aproveitadas para facilitar o fornecimento de hidrogénio e funcionar como uma fonte de capacidade de armazenamento grande e de baixo custo.

Com quotas baixas, o hidrogénio pode ser misturado com o gás natural sem desafios técnicos significativos. A infra-estrutura deve ser avaliada, mas para a maioria dos componentes parece ser possível atingir uma quota em volume de 20% sem grandes investimentos.

Os estudos sugerem que os sistemas de gasodutos podem ser convertidos do gás natural para o gás de hidrogénio com um investimento limitado, mas este é um caso específico. Um estudo recente sobre os Países Baixos conclui que os seus gasodutos de transporte podem ser convertidos em gás hidrogénio com a substituição de compressores e juntas. A medida em que os sistemas de distribuição necessitam de ajustamento também varia. Enquanto as condutas de plástico são geralmente adequadas para o gás hidrogénio, as antigas condutas de ferro fundido não o são. O principal desafio reside nas aplicações em que o equipamento tem de ser ajustado ou substituído para lidar com o gás hidrogénio. Actualmente, as normas limitam a quantidade de hidrogénio que pode ser utilizada nos sistemas de condutas de gás natural.

Foram desenvolvidos estudos pormenorizados para o Reino Unido, onde algumas das preocupações identificadas se relacionam com a fragilização dos actuais gasodutos de transporte de gás natural de alta pressão, caso sejam convertidos em hidrogénio puro, bem como com a redução da densidade energética e do armazenamento de tampões de pacotes de linhas, juntamente com uma série de requisitos regulamentares e de segurança que teriam de ser ajustados. Outros estudos sobre a fragilização pelo hidrogénio demonstraram que este aspecto não tem grande influência. O hidrogénio conduzirá a uma maior fadiga das condutas; no entanto, o processo pode ser realizado de forma segura e fiável. Finalmente, o hidrogénio pode ser utilizado para produzir metano sintético, um gás que é totalmente compatível com a infra-estrutura de gás natural existente. No entanto, este processo acarreta custos significativos, em especial para o fornecimento de CO_2 e para a unidade de metanização, o que faz desta uma opção dispendiosa, embora exista potencial para reduções de custos.

A utilização conjunta da infra-estrutura de gás natural para o hidrogénio e o gás natural pode ser uma estratégia de transição vantajosa para todos. No caso do hidrogénio, tal permitiria um aumento da produção a partir de energias renováveis e da indústria de electrolisadores, aproveitando a grande procura existente e a sua cadeia de abastecimento, em especial a infra-estrutura de gasodutos. Isto, por sua vez, pode ajudar a potenciar o papel do gás natural como combustível de transição com baixas emissões de carbono. As fontes de electricidade no consumo total de energia a nível mundial são comparadas na Fig. 5.3, juntamente com as previsões futuras.

As economias de escala para promover reduções de custos na produção de hidrogénio a partir de energias renováveis são uma prioridade. Aumentar gradualmente a quota-parte do hidrogénio

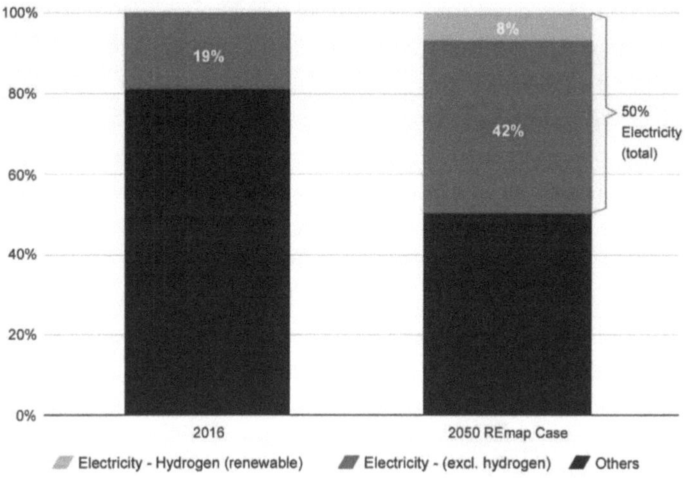

Fig.5.3 : A electricidade no consumo total de energia (EJ por ano)

que podem ser acomodadas pela infra-estrutura de gás podem fornecer sinais fiáveis a longo prazo para a implantação em larga escala da electrólise a partir de electricidade renovável. No entanto, é necessária uma avaliação cuidadosa para verificar se os equipamentos de utilização final, como caldeiras, turbinas a gás e fogões de cozinha, podem sustentar uma transição tão gradual.

Custo actual da produção de hidrogénio

Os custos totais do fornecimento de hidrogénio podem ser divididos em custos de produção e custos logísticos. A regulamentação local e os aspectos financeiros, como o custo do capital, também são relevantes para o custo final de entrega. Ao longo da fase de produção, o preço tanto da energia renovável como dos combustíveis fósseis é relevante para os custos variáveis e, por conseguinte, para a competitividade final de cada tecnologia.

O hidrogénio pode ser produzido ao mais baixo custo em locais com os melhores recursos energéticos renováveis e com baixos custos de desenvolvimento de projectos. Este hidrogénio pode ser comercializado com os países consumidores que não dispõem de um potencial interno de produção de hidrogénio suficientemente acessível.

Ao mesmo tempo, o hidrogénio pode ser um importante factor de produção para processos industriais específicos com elevada intensidade energética. Os processos que exigem quantidades significativas de hidrogénio incluem a produção de amoníaco, a redução directa do minério de ferro e a produção de metanol. O hidrogénio é também utilizado nas refinarias de petróleo e de biocombustíveis para o hidrocraqueamento, com destaque para a produção de gasóleo e biodiesel. Finalmente, o hidrogénio e o CO_2 podem ser utilizados como matérias-primas para os chamados electrocombustíveis ou e-combustíveis, combustíveis sintéticos com qualidades iguais ou superiores às dos produtos petrolíferos refinados.

As novas actividades de produção de hidrogénio renovável podem dar um contributo importante para a economia de um país, criando empregos e tendo potencialmente um efeito multiplicador quando o hidrogénio pode ser utilizado em conjunto com outros recursos para exportar produtos de maior valor acrescentado. O Quadro 5.2 apresenta algumas razões.

Transporte com hidrogénio

A utilização do hidrogénio como vector energético ou como combustível exige o desenvolvimento de aplicações de produção, fornecimento, armazenamento, conversão e utilização final. O hidrogénio nos transportes era um sonho no início do século actual (Fig. 5.4)

Actualmente, está estabelecido que os veículos podem utilizar energia de várias formas, como se mostra no Quadro 5.3. No entanto, os motores internos a hidrogénio são agora familiares e as imagens são mostradas na Fig. 5.5.

Quadro 5.2 : Razões que levam os países a tornarem-se fornecedores de electrocombustíveis e hidrogénio

S. N.	Tipo	Características	Utilidade	Exemplo
1	Líderes de mercado	Os combustíveis eléctricos já estão no radar político (energético) dos países, o potencial de exportação e a preparação para os combustíveis eléctricos são evidentes Parceiro comercial internacional não complicado.	Especialmente favorável nas fases iniciais de penetração no mercado	Noruega

2	Campeões ocultos	Potencial de energias renováveis fundamentalmente inexplorado Quadro político (energético) muito maduro, mas frequentemente subestimado, com instituições suficientemente fortes.	Os combustíveis eléctricos poderiam facilmente tornar-se um tema sério se fossem facilitados aproximadamente	Chile
3	Glants	Disponibilidade de recursos abundantes: vastas áreas de terra combinadas com uma potência de energia renovável frequentemente extensa. A disponibilidade de combustíveis eléctricos não é necessariamente uma condição prévia, mas pode exigir facilidades.	Fornecer a ordem das magnitudes dos combustíveis eléctricos procurados no mercado maduro.	Austrália
4	Potenciais de sucesso	No centro do debate sobre os combustíveis energéticos na Europa, com um forte potencial de produção de combustíveis energéticos. As parcerias energéticas com a Europa promovem o apoio político.	Potencial para liderar o desenvolvimento tecnológico; pode depender fortemente de uma sólida facilitação política	Países europeus
5	Conversores	Conversão global a longo prazo de fontes de energia fósseis para fontes de energia verdes. Combustíveis energéticos para diversificar a carteira como estratégia alternativa de crescimento a longo prazo	Forte motivação para o desenvolvimento da tecnologia de exportação de combustíveis energéticos; pode exigir facilitação política e parcerias com os países de procura	Arábia Saudita

6	Candidatos indecisos	Potenciais de energia renovável parcialmente inexplorados, possivelmente emparelhados com países ambiciosos em matéria de alterações climáticas. Exportação de combustíveis eléctricos em concorrência com a crescente procura nacional de energia.	A motivação e o potencial para a exportação de combustíveis energéticos não são claros - pode impulsionar o desenvolvimento tecnológico dos combustíveis energéticos, mas a exportação é incerta	China

Fig.5.4: Hidrogénio nos transportes

Quadro 5.3 Diversas formas de energia utilizadas nos veículos

S.N.	Tipo de veículo	Forma de energia utilizada
1	Veículos eléctricos	Pilhas e electricidade
2	Veículos com motor de combustão	Produtos petrolíferos líquidos, gás natural comprimido e butano
3	Veículos a pilhas de combustível	Hidrogénio ou metanol, com um reformer a bordo
4	Veículos híbridos	Duas ou mais formas de energia

Fig.5.5: Conceito U da Ford: motores a hidrogénio

É também aceitável que os veículos a hidrogénio sejam mais baratos com base no preço do combustível por unidade de comprimento (Fig. 5.6). Os veículos movidos a hidrogénio também têm a vantagem de utilizar quatro opções de armazenamento diferentes, como mostra a Fig. 5.7.

Os engenheiros desenvolveram comboios a hidrogénio, não só como alternativa ecológica, mas também para percursos rurais não electrificados. A utilização do hidrogénio como combustível nos comboios é isenta de poluição, uma vez que as únicas emissões são o vapor de água e o ar quente. O motor é também quase silencioso, ao contrário dos ruidosos motores diesel que irá substituir.

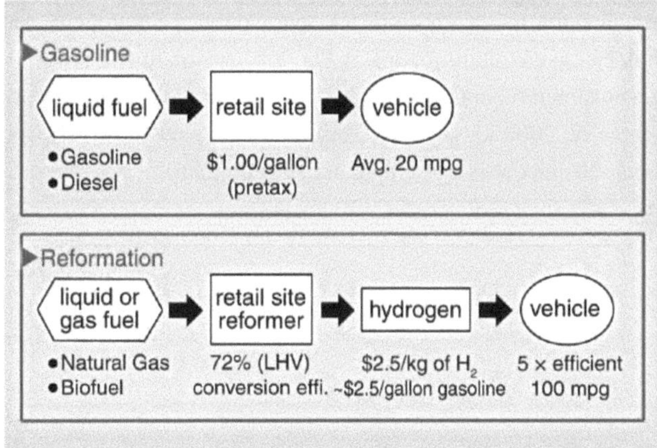

Fig.5.6 : Preço do combustível por milha, Gasolina vs Hidrogénio

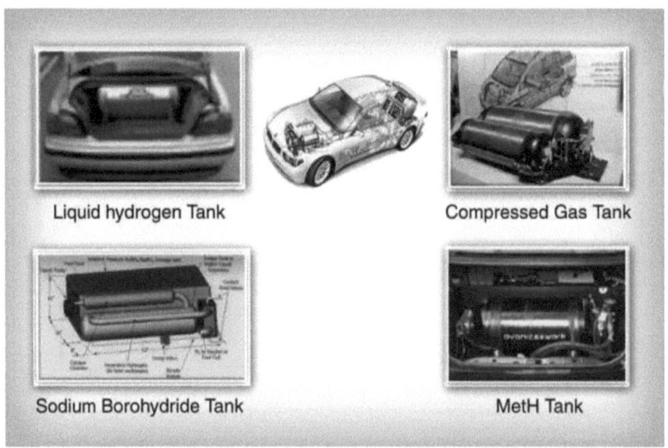

Fig.5.7 : Quatro tipos de opções de armazenamento de hidrogénio a bordo

Estes comboios ecológicos foram fabricados em França (Fig. 5.8) e começaram a circular na Alemanha há alguns anos. Com um depósito cheio de hidrogénio, o comboio pode percorrer 800 quilómetros.

Os camiões a hidrogénio também foram introduzidos nos EUA em Agosto de 2019 (Fig. 5.9). Estes camiões foram concebidos com um enorme sistema de células de combustível na parte inferior da carroçaria. Devido à COVID-19, a utilização de tais camiões não ganhou impulso durante o mesmo período.

Actualmente, os autocarros de transporte público a hidrogénio estão em funcionamento em muitos países. A Fig. 5.10 mostra um desses autocarros em funcionamento em Colónia, na Alemanha. O hidrogénio comprimido, com cerca de 2000 kg por dia, é utilizado como combustível para fazer funcionar 20 autocarros deste tipo, um atrás do outro.

Fig.5.8 : Comboio ecológico a hidrogénio

Fig.5.9: Camião a hidrogénio nos EUA, com célula de combustível a hidrogénio

Fig. 5.10: Autocarro nas estradas da Alemanha que utiliza hidrogénio comprimido

Papel estratégico do hidrogénio na transição energética

Considerar o hidrogénio como parte de um esforço mais vasto de transição energética. Embora o seu papel seja modesto na próxima década e sejam necessárias mais reduções de custos, o hidrogénio pode crescer e dar um contributo substancial

até 2050. Os governos e o sector privado devem intensificar os seus esforços para tornar esta perspectiva uma realidade. Os objectivos climáticos e energéticos devem ser alinhados para um futuro do hidrogénio.

Concentrar-se no hidrogénio verde como opção de abastecimento a longo prazo. A produção de hidrogénio a partir de energias renováveis é actualmente a única opção de abastecimento sustentável de hidrogénio a longo prazo. O abastecimento de hidrogénio verde é competitivo em condições óptimas e a sua competitividade aumentará gradualmente nas próximas décadas.

A energia renovável de baixo custo, as reduções de custos e o aumento da eficiência dos electrolisadores, bem como os aspectos de integração do sistema de energia merecem uma atenção especial. O hidrogénio azul a partir de combustíveis fósseis com captura e armazenamento de carbono pode também desempenhar um papel como solução de transição, nomeadamente em situações em que existam reservas de combustíveis fósseis de baixo custo, em que estejam disponíveis locais de armazenamento e em que exista um sistema de gasodutos de gás natural que possa ser convertido em hidrogénio.

Há várias formas de estimular o mercado da energia para aumentar a utilização de hidrogénio limpo. Alguns exemplos incluem: o estabelecimento de um objectivo obrigatório para a produção sustentável de hidrogénio, a obrigatoriedade de misturar partes com gás natural ou a aplicação de uma directiva relativa às energias renováveis para promover a utilização de hidrogénio no sector dos transportes.

Permitir e impor uma utilização limpa e eficiente do hidrogénio

Desenvolver sistemas de certificação e regulamentação para o abastecimento de hidrogénio sem carbono. É fundamental garantir que qualquer futuro abastecimento de hidrogénio seja compatível com o clima. Especialmente se o hidrogénio for transportado de locais distantes, será necessário verificar a sua origem.

Partilha de informações: Documentar e trocar as melhores práticas internacionais. O domínio do hidrogénio continua a evoluir rapidamente. A tecnologia, os quadros regulamentares e as normas precisam de ser desenvolvidos.

Assegurar o fornecimento e a utilização de hidrogénio com elevada eficiência. A volatilidade do gás hidrogénio significa que a utilização de energia para a conversão, o transporte e o armazenamento pode implicar perdas de eficiência significativas. Ao mesmo tempo, a utilização do hidrogénio pode gerar ganhos de eficiência em comparação com a utilização de combustíveis fósseis convencionais. São necessárias melhorias tecnológicas para garantir uma elevada eficiência global.

Desenvolver novos mercados de hidrogénio

Considerar as aplicações emergentes do hidrogénio para a descarbonização de sectores difíceis, como o transporte rodoviário e a indústria.

Para o transporte rodoviário, a disponibilidade de hidrogénio a baixo custo é um factor crítico. Na indústria, a produção de amoníaco com base no hidrogénio verde é hoje tecnicamente viável. É necessário um maior desenvolvimento de processos para a produção de ferro, mas os benefícios climáticos globais poderão ser muito substanciais. Os caminhos-de-ferro, o transporte marítimo e a aviação são também aplicações promissoras.

O comércio de novos produtos de base de hidrogénio pode mudar a narrativa em torno da transição energética, uma vez que pode criar uma perspectiva económica para os principais países produtores de petróleo e de gás.

Considerar o hidrogénio como um facilitador para a implantação de mais energia renovável variável na transição para os sistemas energéticos do futuro. Os benefícios da flexibilidade, os benefícios do crescimento da procura de electricidade e as crescentes quotas de energias renováveis que podem ser alcançadas criam novas razões convincentes para considerar o hidrogénio como uma solução de transição energética.

Lançar projectos de demonstração em locais onde a produção de hidrogénio e a produção de produtos de base de hidrogénio possam ser combinadas. Isto inclui, por exemplo, projectos de produção de ferro e amoníaco e de produção de combustível sintético, eliminando assim o custo do transporte de hidrogénio.

Etapas sugeridas para trabalhos futuros

- Melhorar a compreensão dos benefícios para o sistema energético da produção de hidrogénio a partir da electrólise e da integração de elevadas percentagens de energias renováveis. É necessário, nomeadamente, compreender melhor a economia do armazenamento sazonal e da flexibilidade do lado da procura dos electrolisadores.

- Melhorar a compreensão do potencial de redução de custos dos electrolisadores e do seu potencial para funcionar em carga parcial com base na disponibilidade de energia variável. Isto inclui a capacidade de aumentar as taxas de rampa, as características futuras de diferentes concepções de electrolisadores e a degradação em diferentes condições de funcionamento, o que tem impacto no custo do hidrogénio.

- Melhorar a compreensão das questões relativas à transição dos sistemas de gasodutos do gás natural para o hidrogénio. Melhorar a compreensão das perdas de eficiência da cadeia de combustível do hidrogénio e das opções para as reduzir.

- Melhorar a compreensão do potencial de redução das emissões de gases com efeito de estufa na produção de hidrogénio azul. Intercambiar as melhores práticas e participar na investigação e avaliação conjuntas a nível internacional do potencial do hidrogénio, por exemplo, para a produção de energia para o X, bem como na sensibilização e abordagem dos obstáculos regulamentares, códigos e normas.

- Avaliar o potencial de produção de hidrogénio verde a baixo custo e em grande escala em diferentes regiões e países, a fim de utilizar os melhores recursos renováveis disponíveis.

- Continuar a desenvolver a análise das vias potenciais para um futuro de energias limpas propício ao hidrogénio, incluindo a utilização de metanol e etanol como vectores de hidrogénio em células de combustível.

- Explorar o potencial para aumentar a segurança energética e reduzir os impactos ambientais através da relocalização de actividades de fabrico de produtos de base com elevada intensidade energética baseadas no hidrogénio e nas energias renováveis.

* * * *

Capítulo 6 O hidrogénio é o centro das atenções

O Governo da Austrália anuncia um ambicioso plano para o hidrogénio. A declaração afirma que o país se esforça por ser um dos principais produtores e exportadores de hidrogénio renovável até 2030. A nossa ambição é produzir o hidrogénio limpo mais barato do mundo, declarou o primeiro-ministro Scoot Morrison num comunicado.

Pouco tempo antes, o primeiro-ministro indiano, Narendra Modi, anunciou que queria que a Índia se tornasse um importante centro mundial de produção e peritagem de hidrogénio verde e que a Índia alcançasse também a independência energética total até 2047.

No Reino Unido, um ensaio que envolveu 130 casas e edifícios de faculdades universitárias mostrou que é possível distribuir e utilizar com segurança uma mistura de hidrogénio e metano em caldeiras e fogões. No final de 2023, deverá ter início um ensaio na Escócia, no qual 300 casas receberão 100% de hidrogénio. O governo do Reino Unido afirmou que o hidrogénio poderia suprir até 35% das necessidades energéticas da Grã-Bretanha até 2050 e que iria subsidiar a produção de hidrogénio.

No entanto, um comentário publicado na revista Nature Italy levanta a preocupação de que o hidrogénio venha a absorver recursos de outras tecnologias que, actualmente, apresentam maior potencial para reduzir as emissões de dióxido de carbono. "Enquanto não tivermos grandes excedentes de electricidade renovável, o que dificilmente acontecerá antes de 2030, utilizar a electricidade para produzir hidrogénio e depois usá-la para alimentar os automóveis ou aquecer os edifícios está em forte contraste com o objectivo de aumentar a eficiência energética da União Europeia em 32,5% até 2030. Estão disponíveis tecnologias eléctricas directas mais maduras e eficientes, como os veículos a bateria e as bombas de calor".

O iate ecológico de Bill Gates está a ser construído, como mostra a Fig. 6.1, desde 2020, com elementos modernos.

Fig.6.1 : Imagem de um iate ecológico em construção para Bill Gates

Haverá dois tanques de combustível, cada um com 28 toneladas, para armazenar hidrogénio líquido a -253°C. Prevê-se que a primeira viagem deste cruzador não poluente tenha lugar no mar Mediterrâneo, no Mónaco, durante o primeiro semestre de 2024.

Na Airbus, temos a ambição de desenvolver o primeiro avião comercial do mundo com emissões zero até 2035. A propulsão a hidrogénio ajudará a concretizar esta ambição. O nosso conceito de aeronave ZERO permite-nos explorar uma variedade de configurações e tecnologias de hidrogénio que irão moldar o desenvolvimento das nossas futuras aeronaves com emissões zero. A aeronave a hidrogénio proposta pela Airbus é apresentada na Fig. 6.2.

O trabalho da Zero Avia e da Airbus despertou muito interesse, mas nem todos os intervenientes na indústria da aviação estão convencidos de que o hidrogénio desempenhará um papel importante na transição para voos com baixas ou nulas emissões de carbono.

A questão é saber se o hidrogénio pode ser produzido em grande escala e a um preço competitivo sem que ele próprio tenha uma grande pegada de carbono.

Fig.6.2 : A Airbus pretende que os seus três conceitos de aeronaves a hidrogénio entrem em funcionamento no futuro

As desvantagens começam com a física e a química. O hidrogénio tem maior energia por massa do que o combustível para aviões, mas tem menor energia por volume. Esta menor densidade energética deve-se ao facto de ser um gás à pressão e temperatura atmosféricas normais.

Para poder ser armazenado em quantidades suficientes, o gás tem de ser comprimido ou transformado em líquido através do arrefecimento a temperaturas extremamente baixas (-253°C). "Os tanques de armazenamento do gás comprimido ou do líquido são complexos e pesados", afirma Finlay Asher, antigo projectista de motores de aviões da Rolls-Royce e fundador da Green Sky Thinking, uma plataforma que explora a aviação sustentável.

E há outros desafios. A densidade energética do hidrogénio líquido é apenas cerca de um quarto da do combustível para aviões. Isto significa que, para a mesma quantidade de energia, é necessário um depósito de armazenamento quatro vezes maior. Consequentemente, os aviões poderão ter de transportar menos passageiros para criar espaço para os tanques de armazenamento ou tornar-se significativamente maiores. A primeira opção, que se aplica aos dois primeiros aviões conceptuais da Airbus, implicaria uma redução das receitas dos bilhetes, mantendo-se os restantes factores inalterados. A segunda opção, que se aplica ao terceiro conceito da Airbus, exige uma fuselagem maior, que está sujeita a uma maior resistência. Além disso, seria necessário criar toda uma nova infra-estrutura para transportar e armazenar o hidrogénio nos aeroportos. A Fig. 6.3 mostra um enorme veículo de aviação para o futuro. Prevê-se que o número de passageiros da aviação duplique até 2037, o que implica emissões adicionais de gases com efeito de estufa, a menos que sejam encontradas alternativas sustentáveis.

Fig.6.3 : Futuro veículo de aviação com novas infra-estruturas

Além disso, coloca-se a questão de saber se o hidrogénio pode ser produzido em escala e a um preço competitivo sem que ele próprio tenha uma grande pegada de carbono. A grande maioria do hidrogénio utilizado actualmente na indústria é produzido a partir de metano de combustíveis fósseis, libertando dióxido de carbono como produto residual. O hidrogénio pode ser produzido a partir da água através de um processo chamado electrólise, impulsionado por energia renovável, mas este processo é actualmente caro e requer grandes quantidades de energia.

Actualmente, o hidrogénio líquido é mais de quatro vezes mais caro do que o combustível convencional para aviões. Nas próximas décadas, espera-se que o preço baixe à medida que as infra-estruturas aumentem de escala e se tornem mais eficientes. Mas, de acordo com a Royal Society britânica, é provável que continue a ser pelo menos duas vezes mais caro do que os combustíveis fósseis durante as próximas décadas.

Paul Stein, director de tecnologia do fabricante de motores Rolls Royce, defende que estes combustíveis são a chave para um futuro mais sustentável. "Se a produção de hidrogénio e de outros combustíveis sustentáveis para a aviação puder ser aumentada - e a aviação precisa de 500 milhões de toneladas por ano até 2050 - podemos dar um enorme contributo para o nosso planeta", afirma.

Os combustíveis para a aviação podem ser divididos em duas categorias. A primeira são os biocombustíveis produzidos através do tratamento químico ou térmico de biomassa, como resíduos agrícolas e outros resíduos. Uma segunda categoria é a dos electrocombustíveis, ou "combustíveis E". Através destes combustíveis, também conhecidos como "power to liquid", o hidrogénio poderá vir a desempenhar um papel fundamental na aviação.

Os combustíveis electrónicos são produzidos através da reacção do hidrogénio com o dióxido de carbono para produzir "syngas". Este é depois convertido, através do chamado processo Fischer- Tropsch, em "e-crude" - um substituto do petróleo bruto que pode ser refinado em combustível para jactos e outros combustíveis. Se a grande quantidade de energia necessária em cada fase de fabrico for proveniente de fontes de carbono zero, então todo o processo pode ser neutro em termos de carbono, não havendo mais dióxido de carbono na atmosfera após o voo do que antes de o combustível ter sido produzido.

Utilizando a tecnologia de captura directa do ar desenvolvida pela empresa suíça Clime works para obter CO_2 e hidrogénio produzido a partir de água com energia renovável, a empresa Norsk-e-Fuel, sediada em Oslo, pretende abrir o que poderá ser a primeira fábrica industrial de combustível electrónico do mundo, em Heroya, na Noruega, em 2023, produzindo 10 milhões de litros de combustível por ano para os mercados norueguês e europeu. O passo seguinte, em 2026, será uma fábrica com capacidade para 100 milhões de litros por ano.

Por agora, uma coisa é quase certa: é provável que o hidrogénio e os combustíveis E continuem a ser substancialmente mais caros do que o combustível convencional para aviões durante anos ou décadas, limitando o seu papel na ecologização da aviação - a menos que os outros custos da aviação venham a ser ponderados de forma diferente. Activistas como Leo Murray, do grupo de campanha possible, defendem que os preços da aviação alimentada por combustíveis convencionais devem reflectir o custo dos danos que causam ao clima.

O ímpeto está claramente a aumentar no período que antecede as cimeiras sobre alterações climáticas, ano após ano. Mas uma palavra que acompanha muitas vezes o hidrogénio é "propaganda". Os grandes anúncios governamentais não fazem desaparecer os obstáculos técnicos e económicos à produção, armazenamento e transporte do hidrogénio.

A Fig. 6.4 mostra uma imagem aérea da vegetação terrestre, através de nuvens azuis, ao representar o hidrogénio, simbolizando que é amigo do ambiente. Espera-se que o hidrogénio não só substitua a futura procura global de energia, mas também substitua com êxito os produtos de carbono

Fig. 6.4: Apresentação simbólica do hidrogénio ecológico

Referências e sugestões de leituras complementares

1. **Stetson, N.T., McWhorter, S., Ahn, C.C., 2016.** *Introdução ao armazenamento de hidrogénio, em: Compêndio de Energia de Hidrogénio. Elsevier, 3-25.*
    https://doi.org/10.1016/B978-1-78242-362-1.00001-8

2. **Smolinka, T., Wiebe, N., Sterchele, P., Palzer, A., Lehner, F., Kiemel, S., Miehe, R., Wahren, S., Zimmermann, F., 2018**. *Industrialização da eletrólise da água na Alemanha: Oportunidades e desafios para o hidrogénio sustentável para transportes, electricidade e calor.* NOW-GMBH, Berlim.

3. **Nagashima, M., 2018**. *A estratégia do Japão para o hidrogénio e as suas implicações económicas e geopolíticas.* Instituto Francês de Relações Internacionais (Ifri) - Centro de Energia, Paris.

4. **Aakko-Saksa, P.T., Cook, C., Kiviaho, J., Repo, T., 2018.** *Portadores de hidrogénio orgânico líquido para transporte e armazenamento de energia renovável - Revisão e discussão.* J.Power Sources 396, 803-823. https://doi.org/10.1016/tipowsour 2018.04.011

5. **Agência Internacional para as Energias Renováveis, 2019**. *Transformação energética global: A roadmap to 2050* (Relatório completo, edição de 2019). Agência Internacional para as Energias Renováveis, Abu Dhabi.

6. **Abe, J.O., Opoola, A.P.I., Ajenifuja, E; Popoola, O.M., 2019** *Economia e armazenamento de energia de hidrogénio: Revisão e recomendação,* Int. J. Hydrogen Energy, 44, 15072-15086.

7. **Kojima, Y., 2019.** *Materiais de armazenamento de hidrogénio para portadores de hidrogénio e energia.* Int. J. Hydrog. Energy 44, 18179-18192.
    https: //doi.org/ 10.1016/j.ij hydene .2019.05.119

8. **Wijayanta, A.T., Oda, T., Purnomo, C.W., Kashiwagi, T., Aziz, M., 2019**. *Hidrogénio líquido, metilciclohexano e amoníaco como potencial armazenamento de hidrogénio: Revisão comparativa.* Int. J. Hydrog. Energy 44, 15026-15044.
    https://doi.org/10.1016/tiihydene.2019.04.112

9. **Kanna, I.V., Vasudevan, A., Subramani, K., 2020, Melhoria** *da*

eficiência do motor de combustão interna através da utilização de hidrogénio, Int. J. Ambient Energy, 41(2). https://doi.org/10.1080/01430750.1456961

10. **Yang, F., Wang, T., Deng, X., Dang, J., Huang, Z., Hu, S., Li, Y., Ouyang, M., 2021,** *Revisão das questões de segurança do hidrogénio,* Int. J. Hydrog. Energy, 46, 31467-31488

11. **Yue, M., Lambert, H., Pahon, E., Roche, R., Jemei, S., Hissel, D., 2021,** *Hydrogen energy systems: A critical review of technologies applications, trends and challenges,* Renewable and Sustainable Energy Reviews, 146, 111180 https://doi.Org/10.1016/j.rser.2021.111180

12. *Academia Internacional da Energia, Hydrogen, 2022,* (4 de Outubro). https://www.iea.org>fuels-and-technologies>hydrogen

13. **Incer-Valverde, J., Morsdorf, J., Morosuk, T., Tsatsaronis, G., 2023,** *Power-to-liquid hydrogen: Evolução baseada na exergia de um sistema de grande escala.* Int. J. Hydrog. Energy, 48, 11612-11627

14. **Hren, R., Vujanovic, A., Fan, Y.V., Klemes, J.J., Krajne, D., Cucek, L., 2023,** *Hydrogen production, storage and transport for renewable energy and chemicals: An environmental footprint assessment,* Renewable and Sustainable Energy Reviews, 173, 113113 https://doi.org/10.1016/j.rser.2022.113113

15. **Nina Lakshmi, 2023,** *Is hydrogen really a clean enough fuel to tackle the climate crises,* Explainer (Hydrogen power, 7 de Março) https: //www.the guardian. com>environment>mar

* * * *

I want morebooks!

Buy your books fast and straightforward online - at one of world's fastest growing online book stores! Environmentally sound due to Print-on-Demand technologies.

Buy your books online at
www.morebooks.shop

Compre os seus livros mais rápido e diretamente na internet, em uma das livrarias on-line com o maior crescimento no mundo! Produção que protege o meio ambiente através das tecnologias de impressão sob demanda.

Compre os seus livros on-line em
www.morebooks.shop

Printed by Books on Demand GmbH, Norderstedt / Germany